De l'analyse des réseaux expérimentaux à la méta-analyse

Méthodes et applications avec le logiciel R pour les sciences agronomiques et environnementales

David Makowski, François Piraux, François Brun

Éditions Quæ

Collection *Savoir-faire*

Nutrition minérale des ruminants – Nouvelle édition
F. Meschy
2017, format ebook uniquement.

Les sols
Intégrer leur multifonctionnalité pour une gestion durable
A. Bispo, C. Guellier, E. Martin, J. Sapijanskas, H. Soubelet, C. Chenu, coord.
2016, 384 p.

Protection agroécologique des cultures
J.-P. Deguine, C. Gloanec, P. Laurent, A. Ratnadass, J.-N. Aubertot, coord.
2016, 288 p.

Né d'une volonté de conjuguer production agricole et protection de l'environnement, le département Environnement et Agronomie de l'Institut national de recherche agronomique fête ses 20 ans. Pour l'occasion, une série d'ouvrages dédiés à des thématiques emblématiques du département est publiée. Le présent ouvrage est consacré à l'analyse statistique des données issues de réseaux expérimentaux et à la méta-analyse. Les méthodes proposées permettent de réaliser des synthèses quantitatives fiables, utilisables dans les études évaluant l'impact agronomique et environnemental des pratiques agricoles.

Cet ouvrage a reçu le soutien financier du département Environnement et Agronomie de l'Inra, d'Arvalis-Institut du végétal et de l'Acta – les instituts techniques agricoles.

Illustrations de la couverture :
– Photo principale : Arvalis-Institut du végétal
– Petites photos : Arvalis-Institut du végétal
– Schéma : D. Makowski

Éditions Quæ
RD 10, 78026 Versailles Cedex, France

© Éditions Quæ, 2018   ISBN 978-2-7592-2815-7   ISSN 1952-1251

Sommaire

Partie I
Analyse des réseaux expérimentaux

Chapitre 3. Analyse d'un réseau d'expérimentations en blocs aléatoires complets à un facteur étudié

Partie II
La méta-analyse

1

Introduction et exemples

Objectifs de l'analyse de réseaux d'expérimentations et de la méta-analyse

De nombreuses expérimentations sont réalisées chaque année pour analyser les effets des pratiques agricoles sur la production et sur l'environnement. Chaque expérimentation est composée de traitements expérimentaux appliqués sur des parcelles expérimentales pendant une ou plusieurs années. En fonction de l'objectif de l'expérimentation considérée, les traitements expérimentaux correspondent à différents types de pratiques agricoles, par exemple à des méthodes de lutte contre les bioagresseurs, à des pratiques de fertilisation, à différentes dates de semis, à différentes successions de cultures, ou à des variétés. Une ou plusieurs variables sont mesurées sur chaque traitement dans le but de caractériser le couvert végétal (rendement, qualité des produits, surface foliaire, etc.) ou l'environnement de la culture (caractéristiques du sol, émissions de gaz à effet de serre, pollution de l'eau, impact sur la biodiversité, etc.). Ces expérimentations fournissent des résultats précieux permettant de mieux comprendre les effets des pratiques agricoles sur les cultures et sur les risques environnementaux. Elles sont réalisées par des acteurs variés : instituts de recherche, instituts techniques, chambres d'agriculture, entreprises.

Les résultats des expérimentations agronomiques sont susceptibles de varier fortement entre sites et entre années. L'effet des pratiques agricoles dépend de facteurs locaux liés, notamment, au climat et aux caractéristiques du sol. Afin d'étudier la variabilité des résultats de pratiques agricoles, les expérimentations agronomiques sont souvent réalisées en réseaux. Dans ce cas, un même ensemble de traitements expérimentaux est testé sur plusieurs sites et sur plusieurs années de manière à pouvoir étudier la variabilité des effets et estimer leurs moyennes. Les expérimentations variétales constituent un exemple classique de réseaux expérimentaux. Dans ce cas particulier, différentes variétés sont cultivées sur plusieurs sites et sur plusieurs années de manière à pouvoir analyser les performances moyennes des variétés testées et leur variabilité.

Dans un réseau expérimental, les observations sont obtenues dans des conditions parfois très différentes (différents types de sol, différents climats, etc.). Cependant, lorsque les expérimentations du réseau testent des hypothèses communes, leur analyse globale est très utile car elle permet :

– de consolider les résultats. Les résultats d'une expérimentation peuvent être imprécis. La prise en compte des résultats de plusieurs expérimentations permet d'augmenter le nombre de données disponibles pour estimer les quantités d'intérêt ;

– de généraliser les conclusions. Comme les résultats d'une expérimentation agronomique varient entre sites et entre années, la synthèse des résultats de plusieurs expérimentations permet d'analyser la robustesse des conclusions et d'étendre leur portée à un ensemble d'environnements ;

– de comprendre la variabilité. L'analyse de réseau d'expérimentations permet également de mieux comprendre l'origine de la variabilité de certains résultats. Si chaque expérimentation individuelle est caractérisée par une ou plusieurs covariables (ex. : précipitation, température, type de sol, incidence de bioagresseur), il est possible de relier ces covariables aux effets de traitements expérimentaux étudiés. Une telle analyse permet de mieux comprendre les effets de ces traitements et d'affiner les recommandations des pratiques agronomiques en fonction des particularités du contexte local.

L'objectif de la méta-analyse est proche de celui de l'analyse des réseaux expérimentaux. La méta-analyse permet d'analyser des résultats issus d'un ensemble d'expérimentations réalisées dans des conditions variées et traitant d'un sujet commun. À la différence des réseaux expérimentaux, les expérimentations prises en compte dans une méta-analyse n'ont pas été initialement réalisées pour être synthétisées et analysées de manière globale ; une méta-analyse fait la synthèse d'expérimentations conduites de manière indépendante, généralement par des institutions différentes, parfois dans des régions très éloignées géographiquement. Ces expérimentations sont mises en commun *a posteriori*, souvent bien après leur réalisation.

Contrairement à l'analyse de réseaux expérimentaux, la méta-analyse ne se résume pas à une analyse statistique d'un ensemble de données expérimentales collectées dans des conditions hétérogènes ; elle inclut une étape préalable dont l'objectif est de récupérer le plus grand nombre d'expérimentations réalisées pour tester une question donnée. Cette étape de collecte de données est très importante et mobilise des démarches spécifiques dont la mise en œuvre peut parfois être coûteuse en temps. Sur certains sujets stratégiques, de nombreuses études sont réalisées et publiées de manière indépendante par différentes équipes appartenant à diverses institutions. C'est par exemple le cas des études visant à comparer les systèmes de type « agriculture biologique » aux systèmes dits « conventionnels », de celles visant à étudier l'impact du non-travail du sol ou à évaluer les performances de cultures génétiquement modifiées, ou encore des études mesurant les émissions de gaz à effet de serre produites par la fertilisation azotée. Sur de tels sujets, des dizaines et parfois des centaines d'études sont conduites sur un pas de temps plus ou moins long (généralement 10-20 ans) et leurs résultats sont publiés de manière indépendante dans des rapports et des revues scientifiques. La récupération des données publiées sur ces sujets n'est pas triviale et nécessite l'utilisation de procédures de recherche et d'extraction de données rigoureuses.

Données

Si les objectifs de l'analyse de réseaux d'expérimentations et de la méta-analyse sont proches, le type de données mobilisées, la collecte des données et leur validation sont, par contre, souvent très différents.

Le type de données

Dans le cas d'un réseau d'expérimentations, les données élémentaires sont généralement disponibles. Il est donc possible de réaliser les analyses des expérimentations individuelles, ainsi que l'analyse du réseau, à partir des données de base.

Dans le cas d'une méta-analyse, les données élémentaires ne sont souvent pas disponibles. On ne dispose généralement, pour chaque expérimentation, que de données agrégées (ex. : moyennes, fréquences, écarts-types).

La collecte des données

Dans le cas d'un réseau d'expérimentations, l'organisation de la collecte des données est décrite dans un protocole expérimental qui précise l'objectif du réseau, les traitements étudiés, le nombre d'expérimentations à mettre en place, le choix des lieux d'expérimentation, les conditions de leur réalisation (conduite de culture, etc.), le nombre de répétitions et le dispositif expérimental, le type de mesures à réaliser, etc.

Dans le cas d'une méta-analyse, les données sont souvent issues de publications scientifiques ou de rapports, obtenues à partir d'une revue bibliographique systématique des articles et/ou des rapports publiés sur la thématique d'étude. Les protocoles expérimentaux sont alors décrits au sein de chaque référence individuelle et peuvent varier fortement d'une référence à l'autre. Le processus de collecte des données nécessite un travail spécifique basé sur une démarche formalisée. Une telle démarche peut être très coûteuse en temps. Dans certaines méta-analyses, les données sont obtenues en contactant directement les responsables des expérimentations qui peuvent alors parfois fournir des données brutes.

La validation des données

La validation des données a pour but de s'assurer que les données recueillies permettent bien de répondre à la question posée.

Dans le cas d'un réseau d'expérimentations, toutes les expérimentations partagent le même protocole expérimental et visent à répondre au même objectif. La validation des données consiste alors à vérifier que le déroulement des expérimentations est conforme à ce qui est prévu dans le protocole. Les expérimentateurs ont donc pour mission de relever en cours d'expérimentation tous les accidents et écarts au protocole observés (levée hétérogène suite à un problème de battance, apport d'azote retardé parce que la parcelle n'était pas accessible à la date prévue, etc.). En fin d'expérimentation, l'expérimentateur évalue si l'expérimentation est en mesure de répondre à l'objectif du protocole.

Dans le cas d'une méta-analyse, les informations disponibles sur les protocoles sont généralement moins détaillées. La personne responsable de la méta-analyse doit estimer, pour chaque expérimentation, à partir des seules informations disponibles, si les résultats publiés permettent de répondre à l'objectif de la méta-analyse.

En pratique, la différence entre l'analyse d'un réseau d'expérimentations et une méta-analyse n'est pas toujours aussi tranchée.

Parfois, les données brutes du réseau d'expérimentations ne sont pas disponibles et l'analyse est alors réalisée sur des données agrégées (résultats moyens). Dans ce cas, cependant, une étape préalable consiste en l'analyse et la validation des données de chaque expérimentation à partir des données individuelles. L'analyse globale se fait ensuite à partir des valeurs moyennes, de la même façon que dans le cas d'une méta-analyse.

Dans d'autres cas, les expérimentations d'un réseau ne sont pas toutes basées sur le même protocole. Il peut s'agir de différences liées à la conduite des expérimentations, ou liées à la nature même des traitements étudiés. Par exemple, un réseau d'expérimentations dont l'objectif est d'évaluer le rendement de variétés de blé peut être composé d'expérimentations testant les mêmes variétés conduites de manières différentes (avec différentes méthodes de protection des cultures par exemple). Il est alors possible que certaines expérimentations soient moins bien protégées contre les maladies que d'autres. Par conséquent, les différences entre variétés observées dans certaines expérimentations seront essentiellement le reflet de leur potentiel de rendement, alors que dans d'autres expérimentations, elles refléteront également la sensibilité des variétés aux maladies. Les réseaux d'expérimentations dont l'objectif est d'évaluer des produits résiduaires organiques (PRO) (fumier, lisier, etc.) constituent un autre exemple intéressant. Suivant les expérimentations, l'origine des PRO ne sera pas la même et, par exemple, le traitement appelé « fumier de bovin » pourra présenter de grandes différences de composition suivant les expérimentations en fonction du mode de production du fumier. L'interprétation des résultats dans ces deux situations est évidemment plus délicate que dans la situation idéale où le même protocole expérimental est strictement appliqué dans toutes les expérimentations.

Citons encore le cas où tous les traitements expérimentaux ne sont pas présents dans toutes les expérimentations. Cette situation peut concerner aussi bien un réseau expérimental qu'une méta-analyse. Dans ce cas, la comparaison des traitements étudiés est plus compliquée. En effet, lorsque deux traitements sont testés dans la même expérimentation, on peut comparer directement leur effet. Par contre, pour comparer deux traitements présents dans deux expérimentations différentes, il faudra procéder de manière indirecte en les comparant à d'autres traitements présents dans les deux expérimentations. En pratique, la comparaison entre deux traitements peut combiner comparaison directe et comparaison indirecte. Il faudra cependant, avant la réalisation de l'analyse des données, être attentif à l'origine de l'absence de certains traitements dans certaines expérimentations. En effet, si certains traitements ne sont pas présents dans certaines expérimentations parce qu'ils ne sont pas adaptés aux conditions de ces expérimentations (pédoclimats pas adaptés à ces traitements par exemple), l'absence des traitements n'est pas indépendante de leurs valeurs attendues. L'interprétation des résultats dans cette situation est plus délicate.

Analyse

L'analyse des données de réseaux d'expérimentations ou de méta-analyses peut mobiliser de nombreuses méthodes statistiques, tant descriptives qu'inférentielles.

Dans l'analyse des réseaux expérimentaux, l'analyse des interactions entre les traitements étudiés et les conditions expérimentales (interactions traitements-expérimentations) tient une place importante. L'interaction traitements-expérimentations se traduit par une variabilité de l'effet des traitements entre expérimentations, en lien, par exemple, avec le type de sol ou le climat. Dans la méta-analyse, le principal objectif de l'analyse statistique est d'estimer des effets moyens mais, dans certains cas, l'analyse des interactions est également importante.

Le modèle mixte est un modèle statistique souvent utilisé pour faire la synthèse d'une série de résultats expérimentaux. Ce type de modèle permet de prendre en compte l'interaction traitements-expérimentations et d'étendre la portée des conclusions à un ensemble d'environnements, sans se restreindre aux seuls environnements observés. Ce type de modèle joue un rôle central, tant pour l'analyse des réseaux d'expérimentations que pour la méta-analyse. Un exemple simple mais illustratif est présenté dans la section « Un exemple simple de modèle mixte » de ce chapitre. Des méthodes descriptives, souvent graphiques, sont également utilisées dans les deux cas, comme les *forest plots* pour la méta-analyse et les *biplots* pour l'analyse des réseaux d'expérimentations. Ces graphiques jouent également un rôle important pour analyser les interactions traitements-expérimentations.

Principales étapes

Les réseaux d'expérimentations et les méta-analyses nécessitent la mise en œuvre d'une méthodologie en plusieurs étapes. Dans les deux cas, les mêmes étapes sont suivies, mais des différences importantes peuvent apparaître au sein de certaines d'entre elles.

Présentation des hypothèses testées

Les hypothèses testées dans l'analyse d'un réseau d'expérimentations ou dans une méta-analyse doivent être décrites de manière aussi précise que possible.

Collecte des données

Dans le cas de réseaux d'expérimentations, les données ont été acquises pour répondre à un objectif précis. Le protocole a été mis en place *a priori* dans le but de réaliser une analyse globale des expérimentations, et les données brutes sont souvent disponibles. Dans le cas d'une méta-analyse, les expérimentations sont souvent plus hétérogènes et les données sont moins accessibles. Il est souvent nécessaire de les extraire d'articles et de rapports.

Validation des données

Dans le cas de réseaux d'expérimentations, la validation des données repose notamment sur les notes de suivi des expérimentations rédigées lors de visites de terrain, et sur l'examen des données individuelles. Dans le cas des méta-analyses, la validation des données passe par un examen critique et approfondi des articles et rapports collectés, et il est parfois nécessaire de contacter directement les responsables des expérimentations.

Analyse des données

Différentes méthodes d'analyse peuvent être utilisées, mais le modèle mixte est couramment mobilisé aussi bien pour l'analyse de réseaux d'expérimentations que pour les méta-analyses.

Validation de l'analyse

La validation de l'analyse consiste en la validation des hypothèses associées au modèle, telle que l'hypothèse de normalité des effets aléatoires par exemple. Dans le cas d'une méta-analyse, les conclusions peuvent être faussées par la présence d'un biais de publication qui apparaît lorsqu'on ne publie que certains résultats, par exemple uniquement les résultats montrant un effet significatif des traitements étudiés. La validation d'une méta-analyse passe donc par l'analyse du risque de biais de publication.

Communication des résultats

Il est important de décrire la méthode utilisée et de présenter de manière transparente les résultats et les incertitudes associées.

Objectif de l'ouvrage

Notre objectif est de présenter et d'illustrer les principales méthodes statistiques permettant de réaliser une synthèse quantitative des données issues des réseaux expérimentaux et de publications scientifiques. Chaque chapitre présente une ou plusieurs méthodes et illustre ces méthodes à l'aide d'exemples traités avec le logiciel libre R[1]. Les données et les codes R sont fournis et commentés afin de faciliter leur adaptation à d'autres situations pratiques. Ils peuvent être utilisés à partir du package R KenSyn[2] associé à ce livre.

Dans la partie suivante de ce chapitre, nous présentons un premier modèle statistique permettant d'analyser des réseaux expérimentaux simples et de réaliser des méta-analyses standard. La première partie de cet ouvrage (chapitres 2 à 5) décrit plusieurs extensions de ce modèle et montre comment elles peuvent être utilisées pour analyser différents types de réseaux expérimentaux. La seconde partie (chapitres 6 et 7) présente en détail les objectifs et les principales étapes de la méta-analyse. Enfin, l'annexe présente les principaux packages R permettant de réaliser les analyses statistiques. Chaque chapitre peut être lu de manière indépendante.

---

1. Gratuitement téléchargeable sur le site https://cran.r-project.org/.
2. https://cran.r-project.org/web/packages/KenSyn/index.html (consulté le 28/05/2018).

Un exemple simple de modèle mixte

Définition

Les modèles à effets aléatoires correspondent à un type de modèle statistique particulier souvent utilisé pour prendre en compte plusieurs sources de variabilité (Laird et Ware, 1982). Ce type de modèle comporte de nombreuses variantes qui généralisent les modèles de régression linéaires et non linéaires classiques. Certaines de ces variantes peuvent être complexes et inclure à la fois des effets aléatoires et des effets fixes. De tels modèles sont souvent appelés *modèles mixtes*.

Dans ce chapitre, nous présentons un modèle à effets aléatoires gaussiens très simple décrivant deux sources de variabilité dans les données ; la variabilité intra-individu et la variabilité interindividus. Chaque source de variabilité est décrite par un effet aléatoire. Ce modèle est souvent utilisé dans les situations où plusieurs mesures sont collectées sur chaque individu de l'échantillon. Selon le contexte, un individu peut correspondre à un animal, un homme, une plante, etc. Dans l'exemple traité dans ce chapitre, un individu correspond à une étude expérimentale particulière, sur laquelle plusieurs mesures ont été réalisées. Bien qu'il soit très simple, ce modèle permet de répondre à plusieurs questions pratiques, notamment :
– estimer la valeur moyenne de la variable étudiée ;
– décrire la variabilité de cette variable entre études et au sein de chaque étude ;
– obtenir des estimations « locales » (spécifiques à chaque étude).

Ce modèle est souvent utilisé pour analyser des réseaux expérimentaux. Il constitue également un outil incontournable en méta-analyse (Mengersen *et al.*, 2013). Nous illustrons ici son intérêt en nous appuyant sur un exemple dont l'objectif est d'estimer le rendement moyen d'une culture dans une région agricole.

Données

Le jeu de données est composé de 45 mesures de rendement de blé obtenues sur 15 sites expérimentaux (une année donnée) dans une région agricole. Dans ce jeu de données, une étude représente un site-année comportant 2 à 4 parcelles. Le rendement de la culture (exprimé en t/ha) a été mesuré sur chaque parcelle, et nous disposons ainsi de 2 à 4 mesures de rendement par étude (figure 1.1).

Dans cet exemple, la population correspond à l'ensemble des parcelles de blé de la région considérée pour l'année étudiée (figure 1.2). L'échantillon est défini par les 15 sites et les 45 mesures de rendement. Dans la partie suivante, nous montrons comment utiliser cet échantillon pour :
– estimer l'espérance du rendement dans la population (c'est-à-dire le rendement « moyen » de la région) ;
– estimer la variabilité du rendement entre sites et comparer cette variabilité à la variabilité intrasite ;
– estimer les rendements dans chacun des 15 sites.

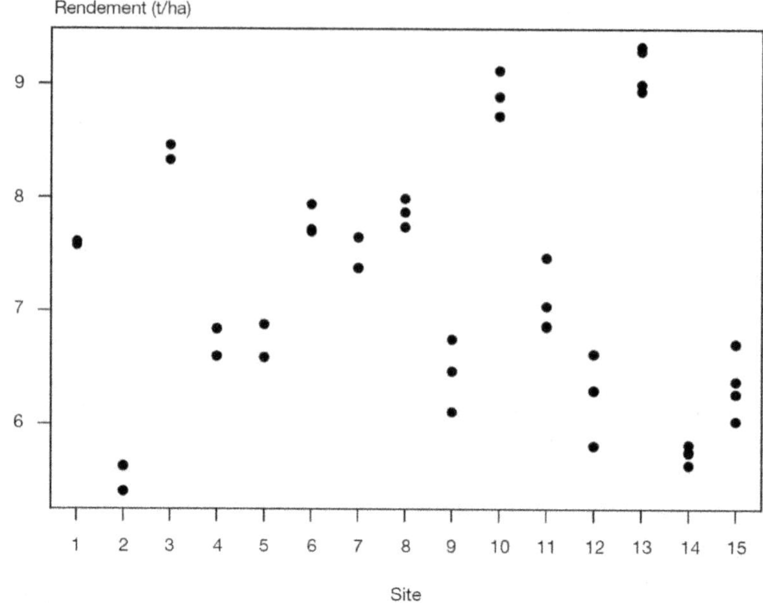

Figure 1.1. Mesures de rendement du blé obtenues sur 15 sites une année donnée. Deux à quatre mesures ont été réalisées sur chaque site dans différentes parcelles.

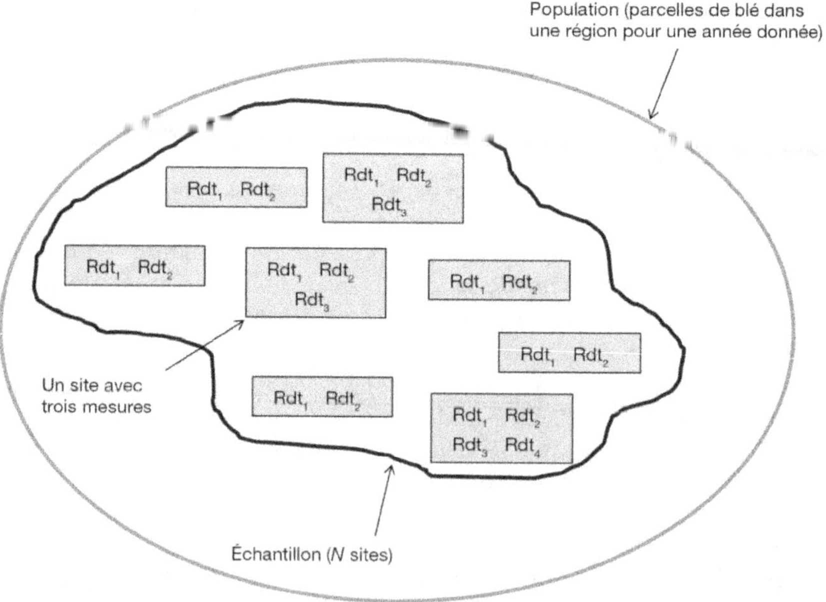

Figure 1.2. Schéma décrivant la population et l'échantillon.

Définition du modèle

Le modèle est défini par Laird et Ware (1982) :

$$y_{ij} = \mu + b_i + \varepsilon_{ij} \tag{1.1}$$

avec y_{ij} le rendement mesuré sur le site i dans la parcelle j, $i = 1, \ldots, 15$, $j = 1, \ldots$, n_i ($2 \leq n_i \leq 4$), μ l'espérance du rendement dans la population, b_i l'effet aléatoire « site », $\mu + b_i$ le rendement moyen du site i, ε_{ij} le résidu intrasite décrivant l'écart entre y_{ij} et $\mu + b_i$. Les quantités b_i et ε_{ij} sont définies comme des variables aléatoires gaussiennes indépendantes, telles que $b_i \sim N(0, \sigma_b^2)$ et $\varepsilon_{ij} \sim N(0, \sigma_\varepsilon^2)$. La variable aléatoire b_i correspond à l'écart entre le rendement du site i et la moyenne générale du rendement dans l'ensemble de la population.

Ce modèle inclut plusieurs paramètres de valeurs inconnues :
– la valeur de l'espérance (μ) ;
– la valeur de la variance intersites (σ_b^2) ;
– la valeur de la variance intrasite (σ_ε^2).

Selon ce modèle, deux rendements mesurés sur un même site ne sont pas indépendants. Leur covariance est égale à σ_b^2 et leur corrélation est égale à $\dfrac{\sigma_b^2}{\sigma_b^2 + \sigma_\varepsilon^2}$.

Cette hypothèse de non-indépendance des mesures est cohérente avec la structure de notre jeu de données. La figure 1.1 montre bien en effet que les données collectées sur un même site se ressemblent ; elles forment des groupes couvrant des gammes de valeurs différentes selon le site considéré. Le modèle à effets aléatoires permet de décrire les corrélations entre les mesures collectées sur un même site avec seulement deux paramètres, σ_b^2 et σ_ε^2.

Nous montrons ci-dessous comment estimer les paramètres du modèle (1.1) avec le logiciel R.

Estimation

Si on suppose que σ_b^2 et σ_ε^2 sont connus, l'estimateur le plus précis (de variance minimale) parmi les estimateurs sans biais de μ est défini par :

$$\hat{\mu} = \frac{\sum_{i=1}^{p} w_i \overline{y}_{i.}}{\sum_{i=1}^{p} w_i} \tag{1.2}$$

avec $\overline{y}_{i.}$ la moyenne des mesures de rendement collectées sur le site i, p le nombre de sites dans l'échantillon (ici, $p = 15$), et w_i un poids défini par $w_i = \dfrac{1}{\sigma_b^2 + \sigma_\varepsilon^2 / n_i}$.

L'estimateur défini par (1.2) est à une moyenne pondérée des rendements moyens observés sur chaque site $\overline{y}_{i.}$, $i = 1, \ldots, p$. Le poids w_i est d'autant plus élevé que le nombre n_i de mesures disponibles sur le site i est grand. Il est intéressant de noter que les poids sont égaux lorsque tous les sites contiennent exactement le même nombre de mesures ou lorsque la variance intersites σ_b^2 tend vers l'infini (elle domine alors largement la variance intrasite). Dans ce cas, l'estimateur (1.2) est égal à la moyenne simple des p rendements moyens observés sur les p sites. Notons également que, lorsque la variance intersites tend vers zéro, l'estimateur (1.2) est égal à la moyenne des valeurs de $\overline{y}_{i.}$ pondérées par les nombres d'observations collectés sur les différents sites.

La valeur de b_i, c'est-à-dire l'écart entre le vrai rendement du site i et la moyenne générale du rendement dans l'ensemble de la population, peut être estimée par :

$$\hat{b}_i = E(b_i \mid \overline{y}_{i.}) = \frac{n_i \sigma_b^2}{n_i \sigma_b^2 + \sigma_\varepsilon^2}(\overline{y}_{i.} - \mu) \tag{1.3}$$

Cette quantité correspond à l'espérance de b_i conditionnellement à la moyenne observée sur le site i. Cet estimateur est souvent appelé *estimateur bayésien empirique* car il correspond à une espérance *a posteriori*. Il correspond à l'estimateur de plus petite variance parmi tous les estimateurs sans biais (*Best Linear Unbiased Predictor*, ou BLUP). Il est intéressant de noter que, en valeur absolue, la valeur calculée avec (1.3) est inférieure à $\overline{y}_{i.} - \mu$. L'estimateur (1.3) est en effet plus proche de zéro que $\overline{y}_{i.} - \mu$.

Pour pouvoir calculer (1.2) et (1.3), il est nécessaire d'estimer les valeurs des variances σ_b^2 et σ_ε^2 à l'aide des données. Ces deux variances peuvent être estimées par maximum de vraisemblance restreint (REML) à l'aide des package **nlme** et **lme4** de R. Nous présentons des exemples de code R ci-dessous. De nombreux autres exemples sont présentés dans Pinheiro et Bates (2000) et dans Bates *et al.* (2015).

Le code R ci-dessous permet d'estimer les paramètres du modèle (1.1) avec la librairie **nlme** :

```
#Lecture du fichier externe incluant les données
TAB<-read.table("dataMod_1.txt", header=T)
#Chargement de la librairie nlme
library(nlme)
#Ajustement du modèle avec la fonction lme
Mod<-lme(Rdt~1, random=~1|Site, data=TAB)
#Affichage des résultats de l'ajustement
summary(Mod)
```

Les paramètres du modèle sont estimés avec la fonction **lme**. Les résultats de l'estimation, visualisés avec la fonction **summary**, sont présentés sur la figure 1.3. Les valeurs estimées des écarts-types σ_b et σ_ε sont égales à 1,09 et 0,22, respectivement. Les variances sont égales aux carrés de ces écarts-types. La valeur estimée de μ est égale à 7,2 (figure 1.3). L'écart-type de $\hat{\mu}$ est égal à 0,28 (figure 1.3). Cet écart-type décrit l'incertitude dans l'estimation $\hat{\mu}$. Il ne doit pas être confondu avec σ_b qui décrit la variabilité intersites.

Les paramètres du modèle (1.1) peuvent également être estimés avec la fonction **lmer** de la librairie **lme4**, à l'aide du code suivant :

```
#Chargement de la librairie lme4
library(lme4)
#Ajustement du modèle avec la fonction lmer
```

```
Mod_bis<-lmer(Rdt~1+(1|Site), data=TAB)
#Affichage des résultats de l'ajustement
summary(Mod_bis)
```

Les résultats sont identiques à ceux obtenus avec **lme** mais présentés sous un format légèrement différent (figure 1.4).

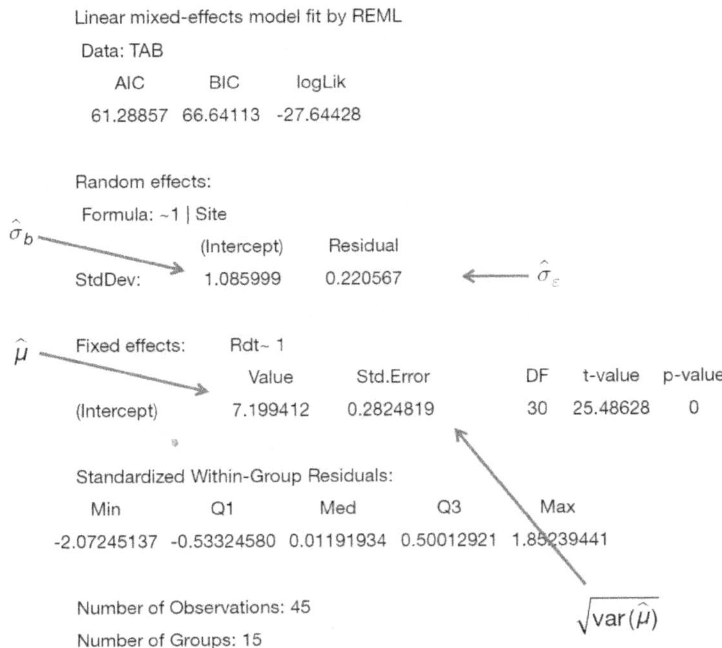

Figure 1.3. Résultats obtenus avec la fonction **lme** de la librairie **nlme**. Le symbole « ^ » indique que les valeurs reportées ne sont pas les vraies valeurs mais des estimations.

Les estimations des valeurs de rendement pour chacun des 15 sites sont présentées sur la figure 1.5. Ces estimations sont égales à $\hat{\mu}+\hat{b}_i$, $i = 1, \ldots, 15$, où $\hat{\mu}$ est calculé à partir de l'équation (1.2) et $\hat{b}_i$ est calculé à partir de (1.3) en remplaçant σ_b^2 et σ_ε^2 par leurs valeurs estimées. Les valeurs de rendement estimées pour chaque site sont obtenues avec la fonction **predict** du package **nlme**.

Comparaison avec le modèle sans effet aléatoire

Il est intéressant de comparer les résultats obtenus avec le modèle (1.1) avec ceux obtenus avec un modèle sans effet aléatoire « site ». Ce dernier est défini par :

$$y_{ij} = \mu + \varepsilon_{ij} \tag{1.4}$$

Dans (1.4), les résidus ε_{ij} sont supposés indépendants et de même variance, $\varepsilon_{ij} \sim N\left(0, \sigma_\varepsilon^2\right)$. Ce modèle ne distingue pas la variabilité intrasite de la variabilité

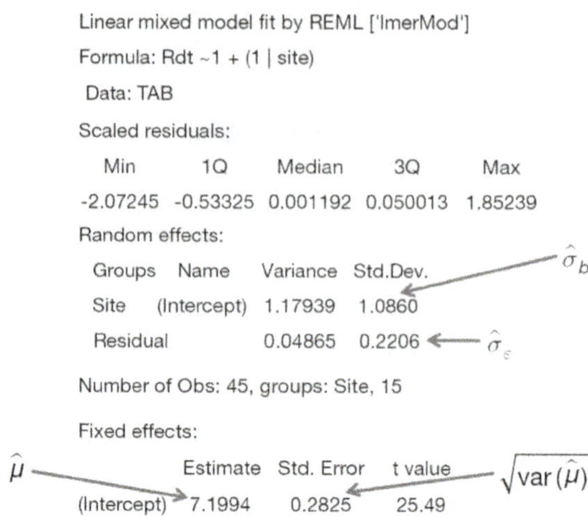

Figure 1.4. Résultats obtenus avec la fonction `lmer` de la librairie `lme4`. Le symbole « ^ » indique que les valeurs reportées ne sont pas les vraies valeurs mais des estimations.

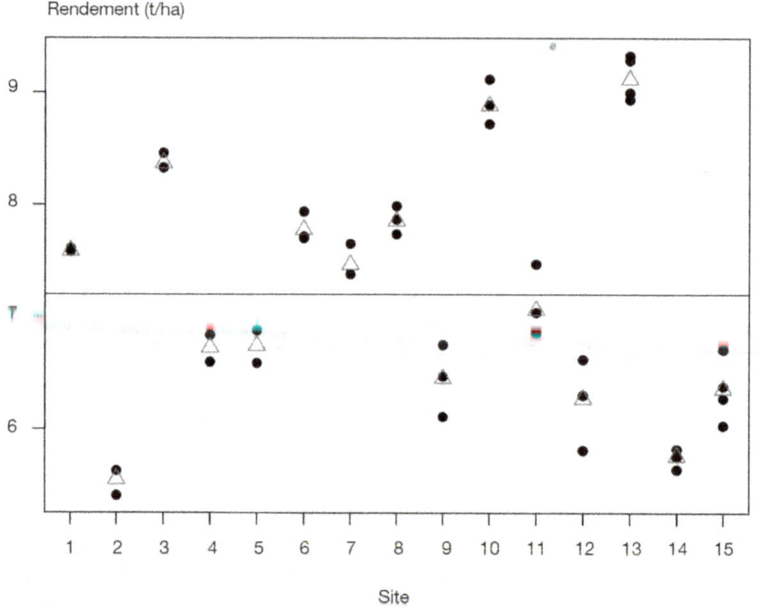

Figure 1.5. Estimation de l'espérance du rendement (droite horizontale) et des rendements des sites individuels (triangle). Les points noirs correspondent aux données.

intersite et fait l'hypothèse que les mesures de rendement collectées sur un même site sont indépendantes. Cette hypothèse d'indépendance n'est pas réaliste d'après la figure 1.5 ; les observations collectées sur un même site ont tendance à être soit inférieures, soit supérieures à la moyenne régionale du rendement. Si les mesures étaient réellement indépendantes, elles se répartiraient de manière aléatoire de part et d'autre de la moyenne régionale.

Le modèle (1.4) peut être ajusté aux données à l'aide de la fonction **lm** de R :

```
#Ajustement du modèle avec la fonction lm
Mod0<-lm(Rdt~1,data=TAB)
#Affichage des résultats de l'ajustement
summary(Mod0)
```

Avec ce modèle, la valeur estimée du rendement moyen régional est simplement égale à la moyenne des 45 mesures. Ici, cette estimation est proche de celle obtenue avec le modèle (1.1) (7,19 *vs* 7,2), mais l'écart-type de l'estimateur (c'est-à-dire la mesure d'imprécision de l'estimation) est plus faible avec la fonction **lm** qu'avec la fonction **lme** (0,17 *vs* 0,28) (figure 1.6). Le modèle (1.4) fournit un résultat trop optimiste ; il surestime le niveau de précision de l'estimation, car il suppose que les mesures sont toutes indépendantes, alors qu'elles ne le sont pas en réalité. Le manque de réalisme de l'hypothèse d'indépendance des résidus est confirmé dans la figure 1.7 ; les résidus du modèle (1.4) sont tous positifs dans certains sites, et tous négatifs dans d'autres. Les résidus du modèle (1.4) sont nettement

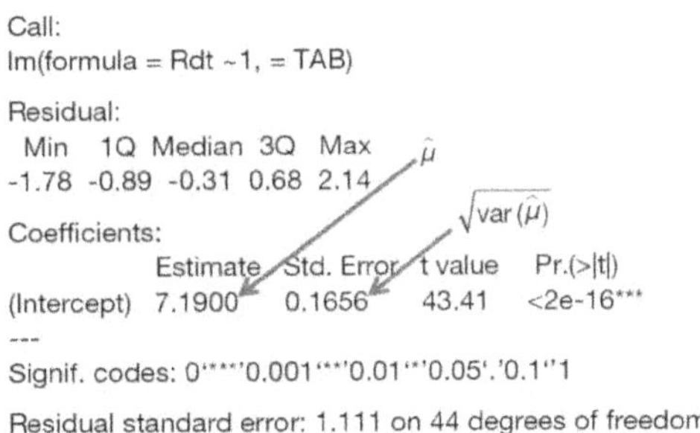

Figure 1.6. Résultats obtenus avec la fonction **lm**.

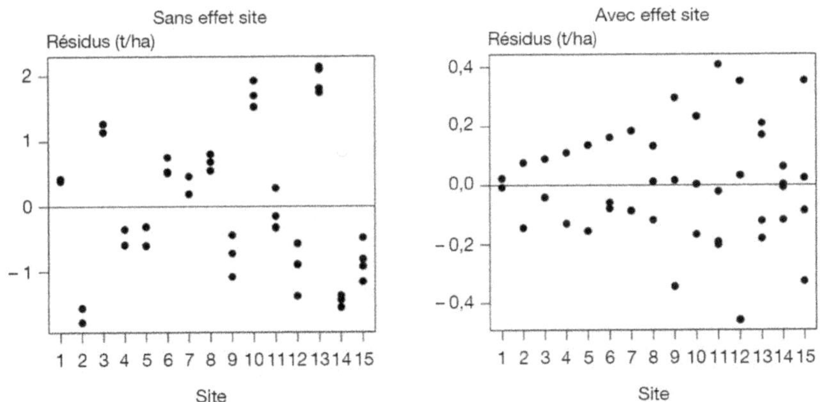

Figure 1.7. Distribution des résidus du modèle sans effet site (1.4) et du modèle avec effets sites (1.1).

plus grands que ceux du modèle (1.1), car ces résidus intègrent deux sources de variabilité (la variabilité intersites et la variabilité intrasite).

Dans cet exemple, le principal intérêt du modèle à effets aléatoires (1.1) est de donner une information plus réaliste sur le niveau de précision de l'estimation.

Dans le chapitre suivant, nous montrons comment le modèle à effets aléatoires présenté dans ce chapitre peut être modifié pour analyser des réseaux expérimentaux plus complexes.

Références

Bates D., Maechler M., Bolker B., Walker S., 2015. Fitting linear mixed-effects models using lme4. *Journal of Statistical Software*, 67, 1-48.

Laird N.M., Ware J.H., 1982. Random-effects models for longitudinal data. *Biometrics*, 38, 963-974.

Mengersen K., Schmid C.H., Jennions M.D., Gurevitch J., 2013. Statistical models and approaches to inference. *In : Handbook of Meta-Analysis in Ecology and Évolution* (Koricheva J., Gurevitch J., Mengersen K., eds), Princeton University Press, 89-107.

Pinheiro J.C., Bates D.M., 2000. *Mixed Effects Models in S and S-Plus*, Springer-Verlag.

## Partie I

Analyse des réseaux expérimentaux

Cette partie traite de la planification et de l'analyse des données d'un réseau d'expérimentations.

Le chapitre 2 aborde différentes notions de base utiles pour comprendre le rôle d'un réseau d'expérimentations et réaliser son analyse.

Le chapitre 3 présente le réseau d'expérimentations en blocs aléatoires complets à un facteur étudié. Il s'agit d'un dispositif expérimental très classique dans le domaine agronomique. Ce chapitre introduit des notions générales de l'analyse d'un réseau d'expérimentations qu'il est essentiel de bien maîtriser avant d'aborder les méthodes plus complexes.

Le chapitre 4 étend l'analyse d'un réseau d'expérimentations présentée au chapitre 3 afin de prendre en compte des situations plus complexes. La première partie de ce chapitre présente l'analyse d'un réseau d'expérimentations en deux étapes, méthode la plus utilisée en pratique, notamment lorsque les expérimentations individuelles du réseau sont réalisées avec des dispositifs expérimentaux différents. La deuxième partie du chapitre 4 présente l'analyse d'un réseau dont les différentes expérimentations n'ont pas la même précision. La troisième partie montre comment on peut prendre en compte la présence de données manquantes dans l'analyse d'un réseau. Enfin, la quatrième partie du chapitre 4 aborde la prise en compte des facteurs lieux et années dans un réseau d'expérimentations multi-local et pluriannuel.

La planification d'un réseau d'expérimentations concerne le nombre de répétitions à réaliser par expérimentation ainsi que le nombre d'expérimentations à mettre en place dans un réseau, mais elle concerne également la façon dont on choisit les environnements où sont réalisées les expérimentations. Le chapitre 5 aborde ces questions et propose une méthode permettant le dimensionnement d'un réseau.

Notions de base

Expérimentation agronomique

Une expérimentation agronomique a pour but d'étudier l'effet de facteurs sur une grandeur d'intérêt en conditions contrôlées, dans un environnement donné.

Une expérimentation fait l'objet d'une planification formalisée sous forme d'un protocole expérimental qui doit comprendre, au minimum, les éléments suivants (Dagnelie, 1981) :
- la définition de l'objectif et des conditions de l'expérience ;
- le(s) facteur(s) étudié(s) (qualitatifs ou quantitatifs) :
  - définition,
  - choix des traitements (nous appelons traitement une modalité d'un facteur),
  - mise en place d'un témoin ou d'un traitement de référence,
- la définition de la (des) variable(s) d'intérêt et des variables secondaires ;
- la définition des unités expérimentales : taille et forme des unités expérimentales, bordures, etc. ;
- le dispositif expérimental : le type de dispositif, le nombre de répétitions.

Réseau d'expérimentations

Le plus souvent dans la recherche agronomique, les conclusions d'une étude sont destinées à être appliquées à l'ensemble d'une région donnée et au cours de la prochaine ou des prochaines saisons culturales. Il est donc nécessaire que les résultats obtenus dans une expérimentation particulière, localisée dans un contexte pédoclimatique donné, soient vérifiés dans d'autres lieux et d'autres années dans le cadre d'un réseau expérimental couvrant des conditions pédoclimatiques diversifiées.

Définition

Un réseau d'expérimentations est un ensemble d'expérimentations partageant le même protocole expérimental, mais réalisé dans un ensemble d'environnements différents.

Dans un réseau d'expérimentations, idéalement :
– la définition des facteurs et des traitements est la même pour toutes les expérimentations ;
– tous les traitements sont présents dans toutes les expérimentations ;
– le dispositif expérimental et le nombre de répétitions sont les mêmes dans toutes les expérimentations.

Exemple de réseau d'expérimentations

L'exemple suivant est repris de Dagnelie (1998). Il s'agit d'une étude relative à la qualité technologique du bois d'épicéa commun. Dans une région donnée, un réseau d'expérimentations a été constitué en choisissant 45 emplacements représentatifs de cette région, et en chacun de ces emplacements, deux arbres ont également été choisis et abattus. Dans chacun de ces arbres, quatre éprouvettes de 1 m de longueur et 5 cm sur 5 cm de section ont ensuite été prélevées, à raison de deux éprouvettes dans la partie inférieure des arbres et deux éprouvettes dans la partie médiane des arbres. Les 360 éprouvettes ont fait l'objet de différentes observations, telles que la résistance à la flexion. Le schéma d'échantillonnage est repris dans la figure 2.1.

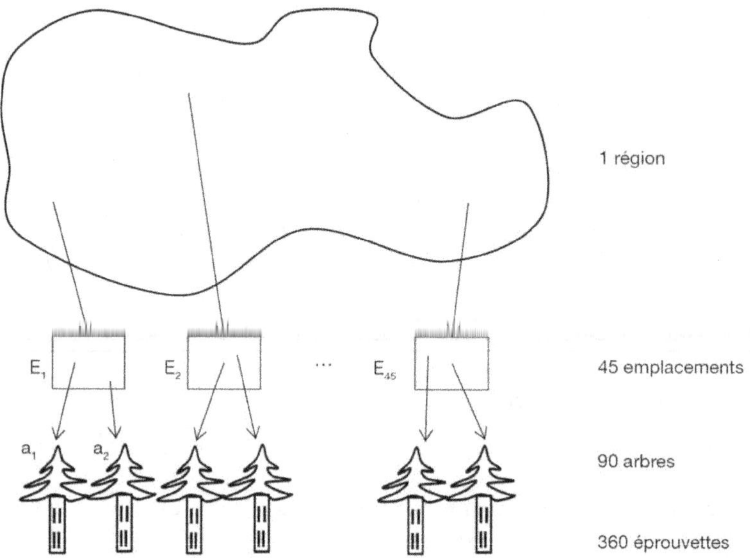

Figure 2.1. Exemple d'un réseau d'expérimentations partageant le même protocole.

Les 45 emplacements choisis sont supposés représentatifs de la région dans laquelle l'étude est menée, les 2 arbres dans chaque emplacement sont supposés représentatifs de l'emplacement dans lequel ils ont été choisis, et les 2 éprouvettes prélevées dans chaque partie de chaque arbre sont supposées représentatives de cette partie de cet arbre. Les différentes éprouvettes, arbres et emplacements observés sont donc un échantillon de l'ensemble des éprouvettes, arbres et emplacements possibles. Les questions que l'on souhaite traiter avec le protocole d'expérimentation portent sur la différence de qualité du bois entre partie inférieure et partie supérieure des arbres, et on souhaite que les conclusions de l'étude soient généralisables à l'ensemble des éprouvettes, arbres et emplacements possibles de la région d'étude.

Dans cet exemple, le facteur étudié est la position des éprouvettes sur les arbres, avec les traitements « partie inférieure » et « partie médiane ». Ces deux traitements sont définis de manière unique et ont été observés dans toutes les expérimentations. Le dispositif expérimental et le nombre de répétitions sont les mêmes dans toutes les expérimentations.

Notion d'environnement

La notion d'environnement peut être variable en fonction des contextes d'expérimentation.

Ainsi, par exemple, dans le cas de l'évaluation de nouvelles variétés de blé tendre, un environnement sera défini comme le croisement entre un lieu particulier et une année climatique donnée. Dans ce cas, un réseau d'expérimentations permettra de prendre en compte la variabilité expérimentale liée au type de sol, au précédent cultural, au climat, etc.

Dans le cas de l'évaluation de produits antilimaces, les expérimentations sont parfois réalisées en chambre climatique. Dans ces conditions, il n'y a pas de variabilité climatique entre deux expérimentations différentes. Cependant, lorsque les limaces utilisées pour les expérimentations proviennent de populations naturelles présentes dans les parcelles agricoles, deux expérimentations réalisées à deux dates différentes peuvent concerner des populations de limaces différentes, ce qui peut conduire à des résultats différents vis-à-vis de l'efficacité des produits antilimaces. Dans ce cas, un réseau d'expérimentations permettra de prendre en compte la variabilité expérimentale liée à l'origine des limaces.

Dans le cas d'un réseau expérimental pour l'étude de l'engraissement d'animaux d'élevage, les facteurs non contrôlés susceptibles de varier d'une expérimentation à l'autre sont nombreux :
– les expérimentations animales, même si elles sont réalisées dans des bâtiments d'élevage, sont soumises à une certaine variabilité climatique ;
– il est possible de s'assurer que l'alimentation de base des animaux est la même entre deux expérimentations en contrôlant la valeur de différents critères tels que la valeur énergétique et la teneur en protéine, mais, malgré ces précautions, deux rations alimentaires préparées avec du maïs provenant de deux années climatiques différentes ne seront jamais rigoureusement identiques ;
– il est possible de s'assurer que le type génétique des animaux utilisés sera le même entre deux expérimentations (par exemple Landrace × Duroc Blanc pour une expérimentation sur porc charcutier), mais malgré cela, il peut exister une variabilité génétique entre les animaux des deux expérimentations liée au fait que les parents des animaux utilisés ne sont pas forcément les mêmes.

Objectifs d'un réseau d'expérimentations

Les objectifs d'un réseau d'expérimentations peuvent être de trois types.

Consolider les résultats

Les résultats des expérimentations sont parfois obtenus à partir d'un nombre faible de répétitions. Ces résultats peuvent alors être imprécis lorsqu'on se base sur une seule expérimentation. La prise en compte des résultats de plusieurs expérimentations permet d'augmenter le nombre de répétitions servant à estimer les quantités d'intérêt.

Généraliser les conclusions

Dans un réseau, les expérimentations réalisées dans différents environnements sont soumises à des conditions expérimentales différentes. Lorsque les résultats d'une expérimentation varient en fonction des conditions expérimentales dans lesquelles elle a été conduite, la synthèse des résultats de plusieurs expérimentations permet d'analyser la robustesse des conclusions et d'étendre leur portée à un ensemble plus large d'environnements.

Décrire la variabilité

L'analyse de réseaux d'expérimentations permet également de mieux comprendre l'origine de la variabilité de certains résultats. Si chaque expérimentation individuelle est caractérisée par une ou plusieurs covariables (ex. : précipitations, température, type de sol, incidence de bioagresseurs), il est parfois possible de relier ces covariables aux effets des traitements expérimentaux étudiés. Une telle analyse permet de mieux comprendre les effets de ces traitements et d'affiner les recommandations des pratiques agronomiques en fonction des particularités du contexte local.

Notion de population d'environnements

Un agriculteur souhaitant utiliser les résultats d'expérimentations d'évaluation de nouvelles variétés peut se trouver dans un lieu qui n'a pas fait l'objet d'une expérimentation. Même si c'est le cas, il sera toujours concerné par une année climatique nouvelle et inédite.

Le but principal d'un réseau d'expérimentations est de pouvoir généraliser les conclusions d'une étude à un ensemble plus large d'environnements. L'ensemble des environnements possibles est appelé « population d'environnements ». Il n'est en pratique pas envisageable de réaliser une expérimentation dans chaque environnement de la population, et il est donc nécessaire de choisir un sous-ensemble d'environnements qui intégreront le réseau d'expérimentations. Ce sous-ensemble constitue un échantillon qui doit être aussi représentatif que possible de la population. Pour assurer ce caractère de représentativité des environnements retenus, il est généralement recommandé, lorsque cela est possible, de les choisir de manière aléatoire (Dagnelie, 1981). La figure 2.2 illustre cette notion de généralisation des résultats d'un réseau expérimental à une population d'environnements.

Tout comme une expérimentation doit faire l'objet d'un protocole expérimental, un réseau expérimental doit, en théorie, être planifié et faire également l'objet d'un protocole expérimental. Dans ce cas, en plus des éléments apparaissant classiquement dans le protocole expérimental d'une expérimentation unique, il faudra également mentionner l'objectif du réseau et il faudra définir la population d'environnements ainsi que les critères de choix des environnements qui seront observés dans le réseau. Il faudra également spécifier le nombre d'environnements qui constitueront le réseau.

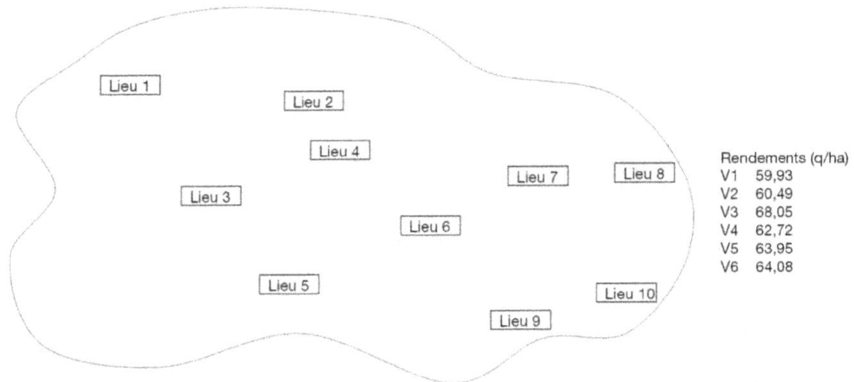

Figure 2.2. Généralisation des résultats d'un réseau expérimental à une population d'environnements.

La partie gauche de la figure 2.2 représente la zone de production du pois au sein de laquelle un réseau de dix expérimentations a été mis en place, chaque expérimentation étant conduite dans un lieu différent. L'objectif du réseau est d'évaluer le rendement de six variétés afin de recommander la variété à cultiver dans un lieu quelconque de la zone de production, c'est-à-dire l'un des dix lieux faisant partie du réseau expérimental plus tous les autres lieux de la zone de production du pois.

La partie droite de la figure 2.2 reprend les rendements moyens des six variétés (V1 à V6) estimés à partir des données du réseau expérimental. Ces résultats peuvent être utilisés pour choisir une variété dans un lieu quelconque de la zone de production s'ils constituent une estimation des rendements moyens des variétés au niveau de la zone de production. Pour que cela soit le cas, il faut que les lieux dans lesquels sont réalisées les expérimentations soient représentatifs de la zone de production.

Notion d'interaction

L'interaction entre les traitements et les environnements peut se définir comme le fait que les différences entre traitements varient en fonction de l'environnement dans lequel on a réalisé l'expérimentation.

Le but d'un réseau d'expérimentations est généralement de comparer les traitements étudiés entre eux. On s'intéresse donc aux différences entre traitements, plus qu'à leur valeur absolue. En l'absence d'interaction entre les traitements et les environnements, les différences entre traitements sont indépendantes de l'environnement. Dans ces conditions, il suffirait d'une seule expérimentation, avec un nombre suffisant de répétitions pour prendre en compte l'erreur expérimentale, pour pouvoir conclure sur les différences entre traitements à l'échelle de la population d'environnements.

En présence d'interaction entre les traitements et les environnements, il est plus difficile de conclure sur les différences entre traitements à l'échelle de la population d'environnements. Si l'interaction est importante, et si le nombre d'environnements faisant partie du réseau est faible, les résultats observés seront susceptibles de beaucoup varier en fonction de l'échantillon d'environnements choisi.

Les figures 2.3 et 2.4 illustrent la notion d'interaction.

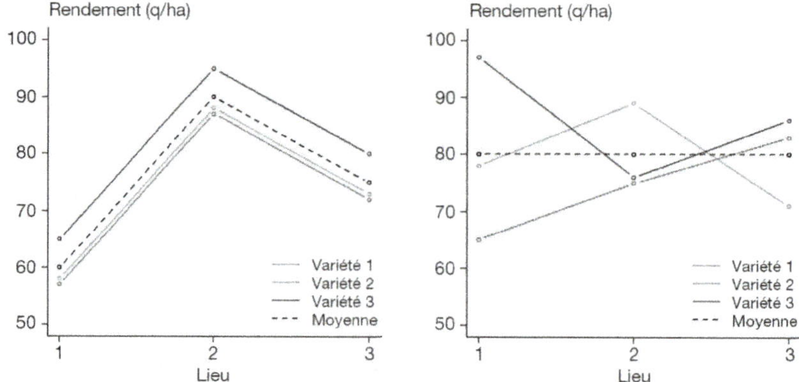

Figure 2.3. Notion d'interaction.

La figure 2.3 présente les rendements de trois variétés dans trois lieux, ainsi que le rendement moyen de chaque lieu. La partie gauche de la figure 2.3 représente une situation où il n'y a pas d'interaction entre les variétés et les lieux : les différences entre variétés sont les mêmes quel que soit le lieu. La partie droite de la figure 2.3

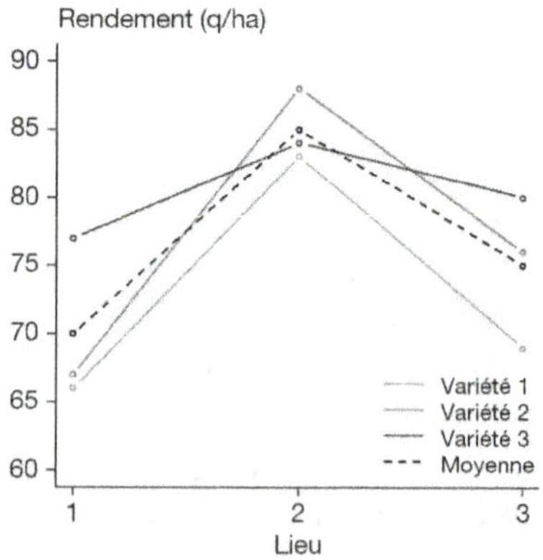

Figure 2.4. Types d'interactions.

représente une situation où il y a interaction entre les variétés et les lieux : les différences entre variétés varient d'un lieu à l'autre.

Il faut distinguer la notion d'interaction de la variabilité entre lieux : dans la partie gauche de la figure 2.3, on observe des différences de rendements moyens entre lieux importantes mais il n'y a pas d'interaction, alors que dans la partie droite de la figure 2.3, on n'observe pas de différences de rendements moyens entre lieux, mais il y a de l'interaction entre les variétés et les lieux. Dans un réseau d'expérimentations, c'est l'interaction entre les traitements et les expérimentations qui rend la généralisation des conclusions plus difficile, ce n'est pas la variabilité entre expérimentations.

La figure 2.4 montre les rendements de trois variétés dans trois lieux, ainsi que le rendement moyen de chaque lieu. La différence entre la variété 1 et la variété 2 varie d'un lieu à l'autre, mais le rendement de la variété 1 est toujours supérieur à celui de la variété 2 : on parle d'interaction *quantitative*. La différence entre la variété 1 et la variété 3 varie d'un lieu à l'autre, et le classement entre ces deux variétés change également d'un lieu à l'autre : on parle d'interaction *qualitative*.

Références

Dagnelie P., 1981. *Principes d'expérimentation*, Gembloux, Presses agronomiques, 182 p.

Dagnelie P., 1998. *Statistique théorique et appliquée. Tome 2 : inférence statistique à une et à deux dimensions*, Paris et Bruxelles, De Boeck & Larcier, 659 p.

3

Analyse d'un réseau d'expérimentations en blocs aléatoires complets à un facteur étudié

Objectif du chapitre

Ce chapitre présente en détail les principales méthodes permettant d'analyser les réseaux d'expérimentations en blocs aléatoires complets à un facteur étudié (Dagnelie, 1981). Dans ce type de réseau, chaque expérimentation correspond à un dispositif en blocs aléatoires complets au sein duquel les différentes unités expérimentales sont regroupées en blocs homogènes. Chaque bloc comporte autant d'unités expérimentales que de traitements étudiés, et chaque traitement est testé dans chaque bloc. Au sein d'une expérimentation, chaque traitement est donc présent une seule fois dans chaque bloc. La répartition des traitements entre les différentes unités expérimentales se fait au hasard et indépendamment dans chaque bloc. Dans un dispositif en blocs aléatoires complets, l'incertitude sur la différence entre les moyennes de deux traitements provient uniquement de la variabilité entre unités expérimentales à l'intérieur des blocs, et en constituant des blocs les plus homogènes possible, on augmente la précision de l'expérimentation (Cochran et Cox, 1957). En expérimentation agronomique, deux parcelles proches sont souvent plus semblables que deux parcelles éloignées, et la pratique la plus fréquente est de regrouper les parcelles voisines dans le même bloc (Cochran et Cox, 1957 ; Zimmerman, 1991 ; Kempton, 1981). Le dispositif en blocs aléatoires complets est un dispositif expérimental très populaire en expérimentation agronomique, et les réseaux d'expérimentations en blocs aléatoires complets sont fréquents.

Dans ce chapitre, on considère un réseau complet incluant plusieurs expérimentations en blocs aléatoires complets ayant chacune le même nombre de blocs. L'expression « réseau complet » signifie ici que tous les traitements sont présents dans chaque expérimentation.

La section « Exemple "blé" » présente les données d'un réseau d'expérimentations de variétés de blé tendre. Ces données seront utilisées pour illustrer les différentes notions théoriques abordées dans ce chapitre.

L'analyse d'un réseau d'expérimentations peut être faite en considérant le facteur « expérimentation » fixe ou aléatoire. La section « Modélisation » présente les deux types d'analyse.

L'interprétation des données d'un réseau d'expérimentations est basée sur un modèle statistique. Pour que l'interprétation soit valide, il est nécessaire que le modèle utilisé décrive au mieux le phénomène étudié. La section « Évaluation du modèle » présente quelques outils de validation d'un modèle.

L'objectif principal d'un réseau d'expérimentations est généralement de comparer les traitements les uns par rapport aux autres. La section « Comparaisons de moyennes » présente différentes méthodes de comparaisons de moyennes entre traitements.

Enfin, la section « Exemple "blé" : script R et analyse commentée » présente l'analyse complète de l'exemple « blé », ainsi que le script R utilisé pour réaliser cette analyse.

Exemple « blé »

Cet exemple est relatif à l'évaluation de variétés de blé tendre dans des expérimentations au champ en micro-parcelles. Dix variétés de blé ont été évaluées sur base de leur rendement en grain dans cinq expérimentations différentes correspondant à cinq lieux différents. Le choix des lieux a été fait de façon à ce qu'ils soient représentatifs de la variabilité environnementale observée dans la région d'étude.

Tableau 3.1. Extrait du jeu de données « blé ».

Experimentation	Variete	Bloc	Rendement
1	V1	1	71,5
1	V2	1	62,7
1	V3	1	74,7
1	V4	1	72,4
1	V5	1	76,7
1	V6	1	72,5
1	V7	1	68,8
1	V8	1	79,3
1	V9	1	80,6
1	V10	1	73,1
1	V1	2	71,9
1	V2	2	71,8
1	V3	2	81,0
...	...	...	...

Toutes les expérimentations se sont déroulées la même année. Les dispositifs expérimentaux sont des dispositifs en blocs aléatoires complets. Le nombre de répétitions dans chaque expérimentation est égal à trois.

Le jeu de données reprend le numéro de l'expérimentation, le nom de la variété, le numéro du bloc de chaque expérimentation, et le rendement observé (q/ha). Le tableau 3.1 montre les premières lignes du jeu de données.

Modélisation

Deux types de modèles peuvent être utilisés pour analyser les données d'un réseau d'expérimentations : un modèle qui considère les effets expérimentation aléatoires ou un modèle qui considère les effets expérimentation fixes. Cette partie présente ces deux types de modèles appliqués à l'analyse des données individuelles d'un réseau, et illustre leurs différences sur l'exemple « blé ». Des recommandations sont données quant au choix du modèle à utiliser.

Nous avons choisi dans cet ouvrage, d'une manière générale, de considérer le facteur traitement comme étant fixe, mais la question de savoir s'il faut considérer le facteur traitement fixe ou aléatoire doit être posée pour chaque étude. Dans le cas des réseaux d'évaluations de variétés, il est fréquent de considérer le facteur variété comme aléatoire. Le lecteur intéressé peut consulter notamment Piepho *et al.* (2008).

Modèle avec un effet expérimentation aléatoire

Le modèle mixte suivant peut être utilisé pour réaliser l'analyse des données individuelles d'un réseau d'expérimentations en blocs à un facteur étudié (Dagnelie, 1998) :

$$y_{ijk} = \mu + t_i + E_j + tE_{ij} + B|E_{jk} + \varepsilon_{ijk} \tag{3.1}$$

où y_{ijk} est la valeur observée de la grandeur d'intérêt du traitement i ($i = 1, \ldots, I$) dans le bloc k ($k = 1, \ldots, K$) de l'expérimentation j ($j = 1, \ldots, J$) et μ, t_i, E_j, tE_{ij}, $B|E_{jk}$, ε_{ijk} sont, respectivement, la moyenne générale, l'effet du traitement i, l'effet de l'expérimentation j, l'effet de l'interaction entre le traitement i et l'expérimentation j, l'effet du bloc k dans l'expérimentation j, et le résidu associé à y_{ijk}. Les résidus ε_{ijk}, parfois appelés « erreurs résiduelles », sont la somme de deux composantes : une erreur de mesure et un effet « unité expérimentale » intrabloc.

Les blocs sont supposés représentatifs de l'expérimentation dans laquelle ils se trouvent et ils sont considérés aléatoires dans le modèle (3.1).

Les environnements des expérimentations sont supposés représenter un échantillon aléatoire d'une population d'environnements possibles. Cela implique que les E_j sont considérés aléatoires, et, par voie de conséquence, les effets d'interaction entre les traitements et les expérimentations sont également considérés aléatoires.

Les effets aléatoires E_j, tE_{ij}, $B|E_{jk}$ et ε_{ijk} sont supposés être distribués suivant une loi normale de moyenne nulle et de variance égale à, respectivement, σ_E^2, σ_{tE}^2, σ_B^2 et σ_ε^2. De plus, les différents effets aléatoires sont supposés indépendants les uns des autres.

Variance de la différence entre deux traitements

L'objectif d'un réseau d'expérimentations étant généralement de comparer les moyennes des traitements, il est intéressant d'examiner la formule de la variance de l'estimateur de la différence entre les moyennes de deux traitements. Dans le cas du modèle (3.1), la variance de la différence entre les moyennes de deux traitements est donnée par Littell *et al.* (1996) :

$$Var\left(\hat{\mu}_i - \hat{\mu}_{i'}\right) = 2\left(\frac{\sigma_{tE}^2}{J} + \frac{\sigma_\varepsilon^2}{JK}\right) \tag{3.2}$$

où la vraie moyenne (inconnue) du traitement i est définie par $\mu_i = \mu + t_i$ et l'estimation de cette moyenne est notée $\hat{\mu}_i$, $Var\left(\hat{\mu}_i - \hat{\mu}_{i'}\right)$ est la variance de l'estimateur de la différence entre les moyennes des traitements i et i', et σ_{tE}^2, σ_ε^2, J et K sont, respectivement, la variance des effets d'interaction entre les traitements et les expérimentations, la variance des résidus, le nombre d'expérimentations et le nombre de blocs par expérimentation.

La variance de la différence entre les moyennes de deux traitements dépend de la variance de l'interaction entre les traitements et les expérimentations, σ_{tE}^2, et de la variance des résidus, σ_ε^2, mais pas de la variance entre expérimentations, σ_E^2. Le nombre de blocs par expérimentation, K, impacte uniquement la part de variance due aux erreurs résiduelles, alors que le nombre d'expérimentations, J, impacte les deux composantes de la variance de la différence entre les moyennes.

Modèle avec un effet expérimentation fixe

Le modèle suivant peut également être utilisé pour réaliser l'analyse des données individuelles d'un réseau d'expérimentations en blocs à un facteur étudié :

$$y_{ijk} = \mu + t_i + e_j + te_{ij} + B|e_{jk} + \varepsilon_{ijk} \tag{3.3}$$

où y_{ijk} est la valeur observée de la grandeur d'intérêt du traitement i ($i = 1, \ldots, I$) dans le bloc k ($k = 1, \ldots, K$) de l'expérimentation j ($j = 1, \ldots, J$) et μ, t_i, e_j, te_{ij}, $B|e_{jk}$, ε_{ijk} sont, respectivement, la moyenne générale, l'effet du traitement i, l'effet de l'expérimentation j, l'effet de l'interaction entre le traitement i et l'expérimentation j, l'effet du bloc k dans l'expérimentation j, et le résidu associé à y_{ijk}.

La différence entre le modèle (3.3) et le modèle (3.1) concerne les termes relatifs aux effets des expérimentations et aux effets d'interaction entre les traitements et les expérimentations, qui sont considérés fixes dans le modèle (3.3) et aléatoires dans le modèle (3.1). Les blocs sont supposés représentatifs de l'expérimentation dans laquelle ils se trouvent et ils sont donc considérés aléatoires. Le modèle (3.3) est bien un modèle mixte puisqu'il considère un effet bloc aléatoire.

Les effets aléatoires $B|e_{jk}$ et ε_{ijk} sont supposés être distribués suivant une loi normale de moyenne nulle et de variance égale à, respectivement, σ_B^2 et σ_ε^2. De plus, les différents effets aléatoires sont supposés indépendants les uns des autres.

Variance de la différence entre deux traitements

Dans le cas du modèle (3.3), la variance de la différence entre les moyennes de deux traitements est donnée par Littell *et al.* (1996) :

$$Var\left(\hat{\mu}_i - \hat{\mu}_{i'}\right) = 2\left(\frac{\sigma_\varepsilon^2}{JK}\right) \tag{3.4}$$

où la moyenne du traitement i est définie par $\mu_i = \mu + t_i$ et l'estimation de cette moyenne est notée $\hat{\mu}_i$, $Var\left(\hat{\mu}_i - \hat{\mu}_{i'}\right)$ est la variance de l'estimateur de la différence entre les moyennes des traitements i et i', et σ_ε^2, J et K sont, respectivement, la variance des résidus, le nombre d'expérimentations et le nombre de blocs par expérimentation.

La variance de la différence entre les moyennes de deux traitements dépend uniquement de la variance des erreurs résiduelles, σ_ε^2. Elle ne dépend pas de la variance de l'interaction entre les traitements et les expérimentations, σ_{tE}^2, contrairement à la variance obtenue avec le modèle (3.1).

Exemple

Afin d'illustrer la différence entre un modèle avec un effet expérimentation fixe et un modèle avec un effet expérimentation aléatoire, nous présentons dans les figures 3.1 et 3.2 quelques résultats de l'analyse des données de l'exemple « blé » avec les modèles (3.1) et (3.3).

Composante de la variance

Groups	Variance
experimentation:variete	6.5261
experimentation:bloc	5.0578
experimentation	77.3305
Residual	6.1034

Comparaison de deux traitements

contrast	estimate	SE	df	lower.CL	upper.CL
V1 - V10	2.3832329	1.85047	36	-1.3696950	6.13616077

Figure 3.1. Analyse de l'exemple « blé » avec le modèle mixte incluant un effet expérimentation aléatoire (3.1).

La première partie de la figure 3.1 reprend le tableau des composantes de la variance du modèle (3.1) estimées sur le jeu de données « blé ». Les composantes de la variance sont les variances des effets aléatoires du modèle. Une variance élevée indique qu'il y a des différences importantes entre les modalités du facteur considéré, alors qu'une variance faible indique qu'il y a peu de différences entre ces modalités. Une variance égale à zéro signifie que l'on n'observe aucune différence entre les modalités du facteur, ou, de manière équivalente, que tous les effets du facteur sont nuls. La colonne « Groups » du tableau identifie les effets, et la colonne « `Variance` » reprend l'estimation de la variance de ces effets. Les termes « `experimentation:variete` », « `experimentation:bloc` », « `experimentation` » et « `Residual` » représentent, respectivement, les effets d'interaction entre les variétés et les expérimentations, les effets des blocs dans les expérimentations, les effets des expérimentations et les résidus du modèle. Comme c'est fréquemment le cas avec les réseaux expérimentaux d'évaluation variétale, la variance des effets des expérimentations est nettement plus élevée que les autres.

La deuxième partie de la figure 3.1 montre le résultat d'un contraste. Un contraste est une comparaison particulière de moyennes. Ici, on compare la moyenne de la variété V1 à celle de la variété V10. Les colonnes « `estimate` », « `SE` », « `df` », « `lower.CL` », « `upper.CL` » reprennent, respectivement, l'estimation du contraste, l'erreur standard de l'estimateur, le nombre de degrés de liberté associé à la variance de l'estimateur, et les limites inférieure et supérieure de l'intervalle de confiance de l'estimation du contraste au risque alpha = 0,05. La variance de l'estimateur peut être calculée avec la formule (3.2). En remplaçant les variances théoriques par les estimations de la figure 3.1, et en se souvenant qu'il y a $J = 5$ expérimentations dans le réseau, chacune avec $K = 3$ blocs, on obtient :

$$\widehat{Var}\left(\hat{\mu}_i - \hat{\mu}_{i'}\right) = 2\left(\frac{6,5261}{5} + \frac{6,1034}{5\times 3}\right) = 3,42.$$ La racine carrée de cette variance

est égale à 1,85, et correspond à la valeur de l'erreur standard indiquée dans la figure 3.1. Les limites inférieure et supérieure de l'intervalle de confiance de l'estimation du contraste sont données par la formule suivante :

$$estimate \pm t_{0,975;36}\, SE$$

où SE est l'erreur standard de l'estimateur et $t_{0,975;36}$ est le quantile 0,975 d'une distribution de Student à 36 degrés de liberté. La valeur de $t_{0,975;36}$ est égale à 2,02809, et en utilisant les valeurs données dans la figure 3.1, on obtient : 2,3832329 ± 2,02809 × 1,85047 = − 1,3697 et 6,136, ce qui correspond aux valeurs de l'intervalle de confiance de la figure 3.1.

Composante de la variance

Groups	Variance
`experimentation:bloc`	5.0577
`Residual`	6.1034

Comparaison de deux traitements

contrast	estimate	SE	df	lower.CL	upper.CL
V1 - V10	2.3832329	0.9021032	90	0.59104735	4.1754184

Figure 3.2. Analyse de l'exemple « blé » avec le modèle mixte (3.3) incluant un effet expérimentation fixe.

La première partie de la figure 3.2 reprend le tableau des composantes de la variance du modèle (3.3) estimées sur le jeu de données « blé ». On ne retrouve pas les variances relatives aux effets « `experimentation:variete` » et

« `experimentation` » puisque dans le modèle (3.3), ce sont des effets fixes. On retrouve par contre les variances des effets « `experimentation:bloc` » et « `Residual` » qui sont présents dans le modèle (3.3) comme dans le modèle (3.1). On peut constater que les variances de ces effets sont identiques pour les deux modèles.

La deuxième partie de la figure 3.2 montre le résultat de la comparaison de la moyenne de la variété V1 à celle de la variété V10. La variance de l'estimateur peut être calculée avec la formule (3.4), en remplaçant les variances théoriques par les estimations de la figure 3.2, et en se souvenant qu'il y a $J = 5$ expérimentations dans le réseau, chacune avec $K = 3$ blocs. On obtient : $\widehat{Var}\left(\hat{\mu}_i - \hat{\mu}_{i'}\right) = 2\left(\dfrac{6{,}1034}{5 \times 3}\right) = 0{,}814$.

La racine carrée de cette variance est égale à 0,902, et correspond à la valeur de l'erreur standard indiquée dans la figure 3.2. Les limites inférieure et supérieure de l'intervalle de confiance de l'estimation du contraste sont données par la même formule que dans le cas du modèle (3.1), mais en utilisant le quantile 0,975 d'une distribution de Student à 90 degrés de liberté :

$$estimate \pm t_{0{,}975;90}\ SE.$$

Si on compare les résultats du modèle (3.1) et du modèle (3.3) présentés dans les figures 3.1 et 3.2, on constate que l'estimation du contraste est la même pour les deux modèles. Par contre, l'erreur standard de l'estimateur, le nombre de degrés de liberté associé à la variance de l'estimateur, et les limites de l'intervalle de confiance de l'estimation ne sont pas les mêmes :

– l'estimation fournie par le modèle (3.3) est plus précise que celle fournie par le modèle (3.1), l'erreur standard de ce dernier étant environ, pour cet exemple, deux fois plus grande que celle du modèle (3.3) ;

– le nombre de degrés de liberté associé à la variance de l'estimateur est plus élevé pour le modèle (3.3) que pour le modèle (3.1). Dans le cas du modèle (3.3), la variance de l'estimateur est fonction uniquement de la variance résiduelle. Le nombre de degrés de liberté de cette variance peut être calculé de la façon suivante : $(I - 1) \times (K - 1) \times J = (10 - 1) \times (3 - 1) \times 5 = 90$. Dans le cas du modèle (3.1), la variance de l'estimateur est fonction de la variance résiduelle, mais aussi de la variance de l'interaction entre les variétés et les expérimentations, et le nombre de degrés de liberté de la variance de l'estimateur est celui associé à cette dernière variance. Il se calcule de la façon suivante : $(I - 1) \times (J - 1) = (10 - 1) \times (5 - 1) = 36$;

– les différences au niveau de l'erreur standard et des degrés de liberté entre le modèle (3.1) et le modèle (3.3) conduisent au calcul d'un intervalle de confiance de la différence de moyenne entre les variétés V1 et V10 qui est plus étroit dans le cas du modèle (3.3) que dans le cas du modèle (3.1). Dans le cas de cet exemple, l'intervalle de confiance obtenu avec le modèle (3.3) ne comprend pas la valeur zéro, et on peut donc conclure qu'il existe une différence significative entre les deux variétés, au risque d'erreur alpha = 0,05. Par contre, dans le cas du modèle (3.1), l'intervalle de confiance englobe la valeur zéro et la différence entre les deux variétés apparaît donc non significative.

Comment choisir entre un modèle avec un effet expérimentation fixe et un modèle avec un effet expérimentation aléatoire ?

Comme le montre l'analyse de l'exemple « blé », les conclusions obtenues avec un modèle avec un effet expérimentation aléatoire ou un modèle avec un effet expérimentation fixe peuvent être différentes. De manière générale, il sera plus facile de prouver l'existence de différences entre traitements avec le second modèle qu'avec le premier. Cependant, le choix entre les deux types de modèle ne doit pas se faire en fonction des conclusions obtenues, mais en fonction des objectifs du réseau.

Le choix entre un modèle avec un effet expérimentation fixe ou un modèle avec un effet expérimentation aléatoire dépend en premier lieu de la façon dont les environnements dans lesquels les expérimentations sont réalisées sont choisis, qui elle-même dépend des objectifs du réseau. Le choix entre les deux types de modèle peut dépendre également du nombre d'expérimentations constituant le réseau.

Le choix entre le modèle (3.1) ou le modèle (3.3) doit se faire en fonction du mode de sélection des environnements dans lesquels les expérimentations sont réalisées. Si les environnements sont choisis au hasard dans une population d'environnements, il faut utiliser le modèle (3.1). Dans ce cas, la portée des conclusions concerne la population d'environnements. Si les environnements sont choisis pour eux-mêmes, il faut utiliser le modèle (3.3). Dans ce cas, la portée des conclusions est restreinte aux environnements choisis. Dans le cas du modèle (3.1), l'objectif du réseau est de tirer des conclusions à l'échelle de la population d'environnements. L'analyse d'un réseau d'expérimentations avec le modèle (3.1) fournit des estimations des moyennes théoriques des traitements, ces moyennes théoriques étant les moyennes des traitements au niveau de la population d'environnements. Dans le cas du modèle (3.3), l'objectif du réseau est de tirer des conclusions à l'échelle des environnements observés dans le réseau uniquement. L'analyse d'un réseau d'expérimentations avec le modèle (3.3) fournit des estimations des moyennes théoriques des traitements, ces moyennes théoriques étant les moyennes des traitements au niveau des environnements observés. Les résultats obtenus avec ce modèle ont donc une portée plus restreinte. Le modèle (3.3) conduit à des estimations plus précises que celles fournies par le modèle (3.1), comme l'illustrent les résultats de l'exemple « blé » présentés dans les figures 3.1 et 3.2, mais il ne faut pas oublier que les deux modèles ne cherchent pas à estimer les mêmes quantités.

Dans certaines situations, on souhaite tirer des conclusions à l'échelle d'une population d'environnements et on choisit donc des environnements au hasard pour constituer un réseau expérimental, mais le nombre d'environnements observé dans le réseau est faible. Dans ce cas, l'analyse des données avec le modèle (3.1) peut poser problème. En effet, dans un modèle mixte, plus le nombre de modalités d'un facteur aléatoire est faible, plus l'estimation de la variance des effets de ce facteur sera imprécise, et plus la probabilité est élevée que la variance des effets de ce facteur soit estimée égale à zéro, non pas parce que les effets sont réellement nuls, mais parce que les données ne contiennent pas suffisamment d'information pour estimer leur variance correctement. Dans un réseau d'expérimentations, si le nombre d'expérimentations est faible, l'estimation de la variance entre expérimentations sera peu précise. Si, de plus, le nombre de traitements étudié est faible également, l'estimation de la variance des effets d'interaction entre les traitements et les expérimentations sera également peu précise, avec une probabilité élevée d'être estimée égale à zéro, non pas parce qu'il n'y a pas d'interaction, mais parce que les données ne contiennent pas suffisamment d'information pour l'estimer correctement. Pour éviter ces problèmes, si le réseau comporte moins de cinq expérimentations, nous recommandons d'utiliser le modèle (3.3) pour analyser les données, mais dans ce cas il faut être bien conscient que cela réduit la portée des conclusions.

Évaluation du modèle

L'interprétation des données d'un réseau d'expérimentations est basée sur un modèle statistique. Pour que l'interprétation soit valide, il est nécessaire d'évaluer la plausibilité du modèle utilisé.

L'analyse d'un réseau d'expérimentations au moyen du modèle (3.1) nécessite de vérifier les hypothèses de normalité, d'indépendance et d'homoscédasticité des effets aléatoires du modèle. Il est également important de vérifier l'absence de données aberrantes. Souvent ces vérifications sont faites uniquement sur les résidus du modèle, mais, en toute rigueur, il faut également les réaliser sur les autres effets aléatoires, c'est-à-dire, dans le cas du modèle (3.1), les effets « `experimentation` », les effets d'interaction « `experimentation:traitement` » et les effets « `bloc` ».

Normalité

Il existe différents tests de normalité qui permettent de vérifier cette hypothèse, dont le test de Shapiro et Wilk (Dagnelie, 1998). Il est également possible de calculer les valeurs de coefficients de symétrie et d'aplatissement et de les comparer aux valeurs théoriques d'une distribution normale (Dagnelie, 1992 ; 1998). Souvent, cependant, on se contente d'une validation visuelle, par exemple au moyen d'un histogramme ou d'un *boxplot*.

Homoscédasticité

La validation de l'hypothèse d'homoscédasticité consiste à vérifier que la variance des résidus est constante. L'hétéroscédasticité est le terme utilisé pour désigner les situations où la variance n'est pas constante. La présence d'une hétéroscédasticité peut être observée dans deux grands types de situations. Dans la première situation, il s'agit de certains traitements ou de certaines expérimentations qui sont plus hétérogènes que les autres du fait de leurs caractéristiques propres. Par exemple, une expérimentation réalisée dans un sol superficiel aura tendance à présenter une variabilité expérimentale plus élevée qu'une expérimentation réalisée dans un sol profond. L'autre type de situation où l'on peut observer une hétéroscédasticité est la situation, fréquente dans le domaine agronomique, où on observe une liaison entre la variance d'une variable et sa moyenne, comme dans le cas de données de comptage.

Il existe différents tests d'homoscédasticité qui permettent de vérifier cette hypothèse, dont le test de Bartlett (Dagnelie, 1998), mais souvent on se contente d'une validation visuelle au moyen d'un graphique mettant en relation les résidus du modèle en fonction des valeurs prédites. Les valeurs prédites correspondent à l'espérance de la variable d'intérêt conditionnellement aux effets aléatoires, qui est donnée par, dans le cas du modèle (3.1), $\mu + t_i + E_j + tE_{ij} + B|E_{jk}$. L'allure générale du nuage de points permet de vérifier s'il y a une liaison entre la variance et la moyenne, comme illustré dans la figure 3.3.

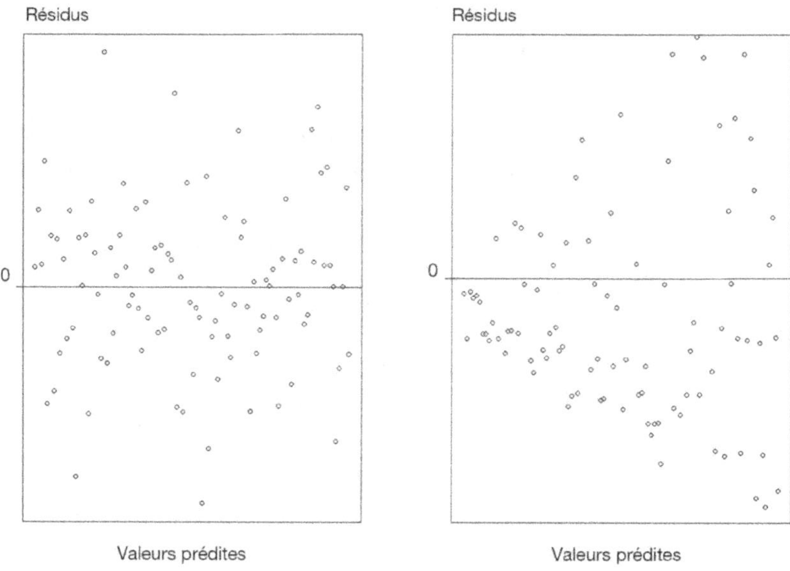

Figure 3.3. Résidus en fonction des valeurs prédites. À gauche, graphique attendu en cas d'homoscédasticité. À droite, graphique révélant une liaison entre la variance et la moyenne.

Indépendance

L'hypothèse d'indépendance nécessite de vérifier que les effets aléatoires et les résidus du modèle ne dépendent pas du mode d'acquisition des données. Par exemple, dans le cas d'un réseau pluriannuel, on peut penser que les expérimentations réalisées la même année partagent une caractéristique commune qui est l'effet de cette année, et que les effets de ces expérimentations ne sont donc pas indépendants. De la même façon, on peut penser que les expérimentations qui sont faites dans le même lieu, ou dans des lieux proches, se ressembleront plus que des expérimentations plus éloignées. Le chapitre 4 aborde la question des facteurs année et lieu.

D'une manière générale, il faut vérifier qu'aucun facteur externe non pris en compte par le modèle utilisé pour décrire les données n'est lié au phénomène étudié : chronologie d'acquisition des données, expérimentateur, etc.

Données suspectes

Le problème des données aberrantes est généralement abordé en vérifiant l'absence de résidus suspects, mais il peut se poser également à propos des autres effets aléatoires. Ici aussi, un examen visuel des résidus est généralement pratiqué, par exemple en vérifiant sur le graphique des résidus en fonction des valeurs prédites qu'aucun résidu ne s'éloigne exagérément des autres. On peut compléter cet examen visuel par la mise en œuvre d'un test de détection de données suspectes, comme le test de Grubbs (Dagnelie, 1998).

Lors de la mise en évidence d'un résidu suspect, se pose inévitablement la question de l'attitude à adopter : faut-il le conserver ? Faut-il le supprimer ? Dans le doute, il peut être utile de faire deux analyses, l'une avec le résidu suspect et l'autre sans le résidu suspect.

Comparaisons de moyennes

L'objectif principal d'un réseau d'expérimentations est de comparer les traitements étudiés entre eux. En pratique, cette comparaison passe par l'estimation des moyennes des traitements, par des tests d'hypothèses et par des calculs d'intervalles de confiance (Dagnelie, 1992).

Tests d'hypothèse : tests d'égalité

Il est souvent utile de tester l'hypothèse d'égalité des moyennes des traitements étudiés. Dans un réseau d'expérimentations, le nombre de traitements étudiés est souvent supérieur à deux, et il peut même parfois être très élevé, avec plusieurs dizaines de traitements étudiés. Lorsque le nombre de traitements est supérieur à deux, la première hypothèse que l'on teste généralement est l'hypothèse d'égalité de l'ensemble des moyennes des traitements :

$$H_0 : \mu_1 = \mu_2 = \ldots = \mu_i = \ldots = \mu_I$$

où μ_i est la moyenne du traitement i et I est le nombre total de traitements.

Le test de l'hypothèse d'égalité de l'ensemble des moyennes des traitements peut se faire au moyen d'un test F de Fisher (Dagnelie, 1998).

Le test F est un test global, et lorsqu'on rejette l'hypothèse d'égalité des moyennes des traitements à l'issue du test, se pose alors la question de savoir quels traitements sont différents des autres. De nombreuses méthodes de comparaisons de moyennes existent à cet effet, et le choix d'une méthode dépend avant tout de la question à laquelle on veut répondre. Souvent, l'objectif de ces comparaisons de moyennes est soit de comparer les différents traitements à un traitement de référence, soit de faire des groupes de traitements homogènes, c'est-à-dire des groupes de traitements dont les moyennes ne sont pas statistiquement différentes. Dans les deux cas, les méthodes qui seront utilisées font partie des méthodes de comparaisons multiples de moyennes (Dagnelie, 1998).

Les méthodes de comparaisons multiples de moyennes ont en commun de devoir gérer l'inflation du risque d'erreur de première espèce lié à la multiplicité des tests d'hypothèse (Hothorn *et al.*, 2008). Le risque d'erreur de première espèce, appelé « risque alpha », est la probabilité de conclure à une différence significative entre deux traitements alors qu'en réalité ils sont identiques. Ce risque est souvent choisi égal à 5 %, c'est-à-dire alpha = 0,05. Si la probabilité de conclure à tort à une différence significative entre deux traitements est égale à 0,05, cela veut dire que la probabilité de ne pas conclure à une différence significative entre deux traitements alors qu'en réalité ils sont identiques est égale à 1 − alpha = 0,95. Supposons que l'on étudie trois traitements A, B et C, et que l'on souhaite faire toutes les comparaisons deux à deux entre ces traitements. Il y a donc trois hypothèses à tester : $\mu_A = \mu_B$, $\mu_A = \mu_C$, et $\mu_C = \mu_B$. Chaque hypothèse est testée avec un risque alpha = 0,05, ou, de manière équivalente, une probabilité de ne pas conclure à une différence significative entre deux traitements alors qu'en réalité ils sont identiques égale à 0,95. Le risque de ne pas conclure à une différence significative entre deux traitements alors qu'en réalité ils sont identiques, pour l'ensemble des trois tests, est égal au risque de ne pas conclure à tort à une différence significative au premier test, ni au deuxième, ni au troisième. La probabilité globale est égale à 0,95 × 0,95 × 0,95 = $0,95^3$ = 0,857, si les trois tests sont indépendants. Le risque global de première espèce, c'est-à-dire le risque de conclure à une différence significative entre deux traitements alors qu'en réalité ils sont identiques, pour au moins une des comparaisons réalisées, est donc égal à 1 − 0,857 = 0,143. Ce risque alpha global est donc bien supérieur au risque alpha nominal de 0,05 choisi pour réaliser chacun des tests. Si on cherche à comparer dix traitements, le nombre de comparaisons deux à deux est égal à $(10^2 − 10)/2 = 45$, et le risque alpha global est égal à 1 − $0,95^{45}$ = 0,90 ! Autrement dit, si on compare dix traitements qui sont en réalité identiques, il y a neuf chances sur dix de mettre en évidence au moins une différence significative entre deux traitements. En réalité, les tests de comparaisons deux à deux ne sont pas indépendants, et le risque alpha global se situe entre une limite supérieure calculée comme ci-dessus et le risque alpha nominal choisi pour réaliser chacun des tests. Le but des méthodes de comparaisons multiples de moyennes est de proposer des tests les plus puissants possible, tout en garantissant à l'utilisateur le contrôle du risque alpha global à la valeur qu'il a choisie.

Les méthodes de comparaisons multiples de moyennes qui sont utilisées dans le cadre de cet ouvrage sont la méthode de Dunnett (Dagnelie, 1998) pour comparer différents traitements à un traitement de référence, la méthode de Tukey pour faire des groupes de traitements homogènes et la méthode de Sidak pour comparer chaque traitement à la moyenne générale (SAS Institute Inc., 1989). Il faut noter que d'autres méthodes sont possibles.

Intervalles de confiance

Les tests d'égalité des moyennes font l'objet de nombreuses critiques, et si la p-valeur associée à un test d'hypothèse est sans doute la quantité la plus utilisée pour interpréter des données, cette p-valeur est souvent mal interprétée (Littell *et al.*, 2006 ; Madden *et al.*, 2015 ; Lew, 2013).

Une des principales critiques qui est formulée à l'égard des tests d'égalité des moyennes est que, dans les applications réelles, l'hypothèse nulle n'est jamais exactement vraie, et elle sera donc toujours rejetée lorsque le nombre d'observations sera suffisamment grand. Il n'y a donc pas d'intérêt à se demander s'il y a une différence entre deux traitements A et B, il y a toujours une différence, aussi petite soit-elle (Tukey, 1991).

L'objectif d'une expérimentation est plus souvent d'estimer l'écart entre les moyennes des traitements et de quantifier l'incertitude associée à cette estimation, plutôt que de prouver qu'il existe une différence entre les traitements. Dans ce cas, l'information apportée par la p-valeur d'un test d'hypothèse peut être utilement complétée par le calcul d'intervalles de confiance. L'intervalle de confiance permet en effet d'apporter une information sur la précision de l'estimation de l'effet d'un traitement ou de la différence entre deux traitements (SAS Institute Inc., 1989), même si cette dernière propriété n'est pas toujours vérifiée (Morey *et al.*, 2015). La figure 3.4 illustre l'intérêt du calcul d'un intervalle de confiance par rapport à un test d'égalité de moyennes dans le cas de la comparaison entre deux traitements. La figure 3.4 représente l'écart observé entre deux traitements dans cinq expérimentations différentes. L'intervalle entourant chaque point correspond à l'intervalle de confiance à 95 % de la différence entre les traitements. Les p-valeurs des tests d'égalité des deux traitements ne sont pas représentées, mais on peut affirmer que la différence est significative au seuil alpha de 5 % pour les situations dont les intervalles de confiance ne recouvrent pas la valeur zéro (Dagnelie, 1992). Pour les situations 1 et 4, la différence entre les deux traitements n'est pas significative. On devrait se contenter de cette conclusion au seul examen du test d'égalité des moyennes, mais on peut aller plus loin dans l'interprétation au vu des intervalles de confiance. Pour la situation 1, on peut en effet affirmer que, s'il existe une différence entre les traitements, cette dernière sera sans doute faible, et donc, éventuellement, qu'elle sera de peu d'intérêt en pratique. Pour la situation 4, la différence est également non significative, mais la différence réelle entre les traitements, si elle existe, peut peut-être s'avérer importante. On ne peut donc tirer aucune conclusion opérationnelle de l'expérimentation 4, la seule conclusion valable étant que l'on manque d'information pour se prononcer sur l'écart réel entre les deux traitements. Pour les situations 2, 3 et 5, les intervalles de confiance ne comprennent par la valeur zéro et on fait donc la preuve statistique qu'il existe une différence significative entre les deux traitements. Les conclusions pratiques que l'on peut tirer de ces trois expérimentations sont cependant très différentes. Pour la situation 2, l'intervalle de confiance très étroit nous indique que la différence réelle entre les traitements est sans doute faible, et donc, éventuellement, de peu d'intérêt en pratique. Pour la situation 3, l'intervalle de confiance très étroit nous indique que la différence réelle entre les traitements est sans doute importante, et donc d'un grand intérêt en pratique. Enfin, pour la situation 5, l'intervalle de confiance très large nous indique que la différence réelle entre les traitements peut s'avérer très faible ou très élevée. Comme pour l'expérimentation 4, on ne peut donc tirer aucune conclusion opérationnelle de l'expérimentation 5, la seule conclusion valable étant que l'on manque d'information pour se prononcer sur l'écart réel entre les deux traitements.

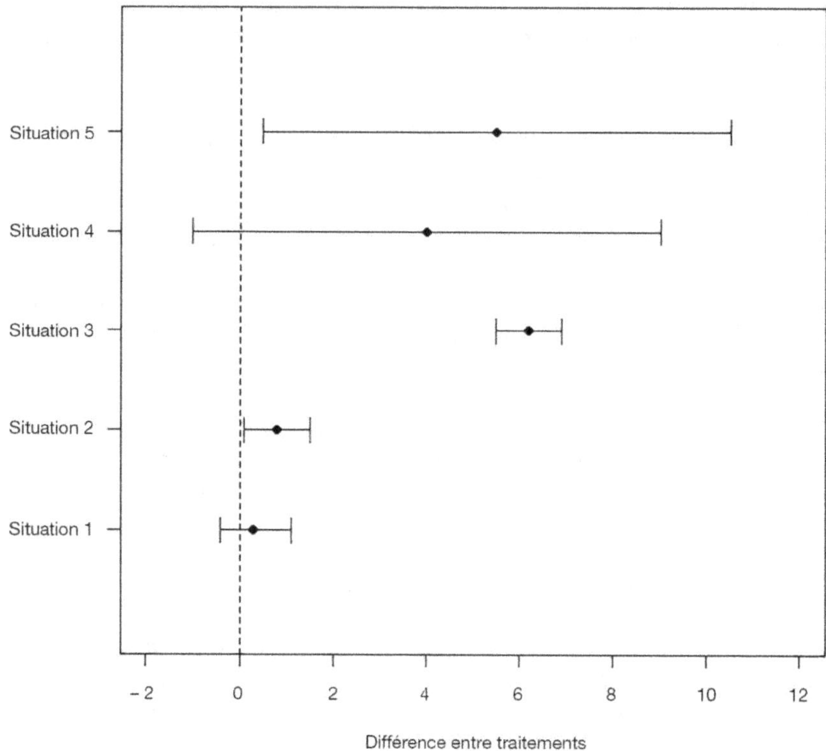

Figure 3.4. Différence estimée entre deux traitements et intervalle de confiance au niveau 95 % de cette différence dans plusieurs situations.

Tests d'hypothèse : tests d'équivalence

Les tests d'égalité sont souvent utilisés de manière abusive pour prouver l'égalité entre les traitements étudiés. Un test d'égalité de moyennes a pour but de prouver des différences entre traitements, mais une différence non significative ne permet pas d'affirmer que les traitements sont identiques ; un tel résultat indique seulement que l'on n'a pas réussi à prouver qu'ils sont différents (Jaykaran *et al.*, 2011). En effet, une différence non significative entre traitements peut être due au fait qu'en réalité il n'y a effectivement pas de différence entre ces traitements, mais elle peut aussi être causée par une variabilité expérimentale trop élevée ou par un nombre de répétitions insuffisant pour pouvoir mettre en évidence la différence réelle existant entre les traitements.

L'objectif d'une expérimentation peut être de prouver que l'effet d'un traitement n'est pas différent de celui d'un autre traitement. On peut vouloir par exemple montrer qu'une culture génétiquement modifiée a des caractéristiques équivalentes à celles d'une culture conventionnelle. Un autre exemple concerne l'efficacité d'un produit de biocontrôle dont on peut vouloir montrer qu'elle est identique à celle d'un traitement fongicide classique. Dans ces situations, les tests d'égalité ne sont pas appropriés pour répondre à la question qui est posée. Pour prouver des égalités entre traitements, il est préférable d'utiliser un test d'équivalence.

Le principe d'un test d'équivalence est de définir une région d'indifférence à l'intérieur de laquelle la différence entre deux traitements est considérée comme négligeable. Un seuil d'équivalence Δ est choisi en définissant l'écart le plus grand, en valeur absolue, qui peut être accepté entre les deux traitements. Un écart plus grand que Δ est jugé important en pratique.

Le test d'équivalence est réalisé en posant les hypothèses suivantes :

$$H_0 : \mu_1 - \mu_2 \leq -\Delta \text{ ou } \mu_1 - \mu_2 \geq \Delta$$
$$H_1 : -\Delta < \mu_1 - \mu_2 < \Delta$$

où μ_1 et μ_2 sont les moyennes théoriques des deux traitements.

L'hypothèse nulle H_0 pose que les traitements ne sont pas équivalents. L'hypothèse alternative H_1 pose que les traitements sont équivalents. Le rejet de l'hypothèse nulle au profit de l'hypothèse alternative conduit à accepter l'hypothèse d'équivalence entre les deux traitements. Le risque de conclure à une équivalence entre les traitements, alors qu'en réalité l'écart entre les traitements, en valeur absolue, est supérieur à Δ, est égal au risque alpha de première espèce utilisé pour réaliser le test.

La procédure commune pour réaliser un test d'équivalence est la procédure TOST (*Two One-Sided Test*), qui consiste à réaliser deux tests d'hypothèse unilatéraux (Schuirmann, 1987). Dans cette procédure, l'équivalence est démontrée si on peut conclure à la fois que $\mu_1 - \mu_2 > -\Delta$ et $\mu_1 - \mu_2 < \Delta$.

En pratique, il est recommandé d'utiliser le calcul d'intervalles de confiance pour réaliser un test d'équivalence (Committee for Proprietary Medicinal Products, 2001). Dans le cas d'un test d'équivalence réalisé au risque alpha, le calcul d'un intervalle de confiance au niveau de confiance 100(1 – alpha) % sera utilisé (Berger et Hsu, 1996). Si l'intervalle de confiance de la différence entre les traitements est entièrement compris dans la région d'indifférence, on déclarera les traitements équivalents. Sinon, l'hypothèse nulle de non-équivalence ne peut pas être rejetée (Robinson et Froese, 2004). La figure 3.5 illustre l'interprétation d'un test d'équivalence au moyen du calcul d'intervalles de confiance.

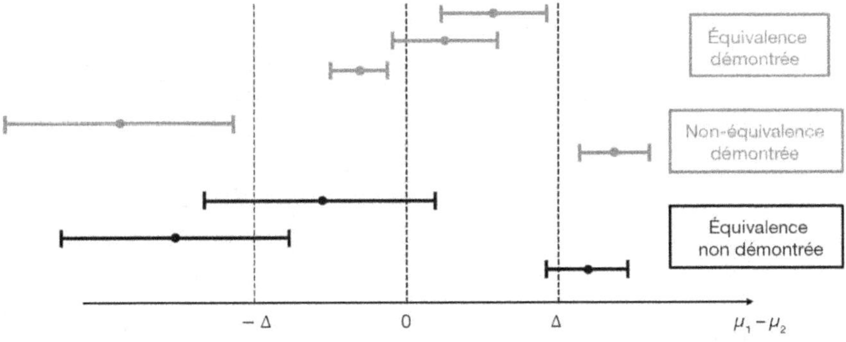

Figure 3.5. Interprétation d'un test d'équivalence au moyen du calcul d'intervalles de confiance.

On peut noter les similitudes d'interprétation entre les figures 3.4 et 3.5. Un des intérêts de l'approche par test d'équivalence est d'obliger l'utilisateur à spécifier un seuil d'équivalence Δ au-delà duquel une différence entre deux traitements est jugée intéressante en pratique. Ce seuil d'équivalence est souvent utilisé dans l'interprétation des résultats d'une expérimentation, quelle que soit l'approche utilisée, mais pas forcément de manière explicite. L'approche par test d'équivalence a le mérite de rendre l'interprétation des résultats plus transparente.

Exemple

Afin d'illustrer différentes méthodes de comparaison de moyennes, nous présentons dans les figures 3.6 à 3.11 quelques résultats de l'analyse des données de l'exemple « blé » réalisée au moyen du modèle (3.1).

```
Response: rendement

             F          Df         Df.res        Pr(>F)
variete     4.3791      9          36            0.0006507  ***
Signif. codes: 0 '***' 0.001 '**' 0.01 '*' 0.05 '.' 0.1 ' ' 1
```

Figure 3.6. Analyse de l'exemple « blé » : test F du facteur « variété ».

La figure 3.6 reprend les résultats du test F qui teste l'égalité des moyennes des dix variétés. La colonne « F » reprend la valeur de la statistique de test qui est supposée suivre une distribution de Fisher, les colonnes « Df » et « Df.res » sont, respectivement, les degrés de liberté du numérateur et du dénominateur de la distribution de Fisher, et la colonne « Pr(>F) » est la probabilité associée à la statistique de test. La ligne correspondant à « variete » teste l'hypothèse que le rendement moyen des dix variétés est identique. La probabilité associée à ce test, largement inférieure à 0,05, indique qu'il faut rejeter cette hypothèse : au moins une des variétés est différente des autres.

contrast	estimate	SE	df	t.ratio	p.value
V1 - V2	3.595430	1.85047	36	1.943	0.3095
V10 - V2	1.212197	1.85047	36	0.655	0.9612
V3 - V2	5.859157	1.85047	36	3.166	0.0230
V4 - V2	7.828792	1.85047	36	4.231	0.0012
V5 - V2	5.978395	1.85047	36	3.231	0.0196
V6 - V2	4.879941	1.85047	36	2.637	0.0811
V7 - V2	6.348242	1.85047	36	3.431	0.0116
V8 - V2	8.812733	1.85047	36	4.762	0.0003
V9 - V2	4.584436	1.85047	36	2.477	0.1143

P value adjustment: dunnettx method for 9 tests

Figure 3.7. Analyse de l'exemple « blé » : comparaison à un témoin. Test de Dunnett.

La figure 3.7 reprend les résultats du test de Dunnett qui compare les moyennes des variétés à la variété V2 choisie comme témoin. La colonne « `contrast` » indique la comparaison qui est réalisée, la colonne « `estimate` » reprend l'estimation des différences entre les variétés et la variété V2, les colonnes « `SE` » et « `df` » sont, respectivement, l'erreur standard de l'estimateur et les degrés de liberté associés à la variance de l'estimateur, la colonne « `t.ratio` » reprend la valeur de la statistique de test qui est supposée suivre une distribution de Student, et la colonne « `p.value` » est la probabilité associée à la statistique de test. Cette probabilité est ajustée par la méthode de Dunnett afin de tenir compte de la multiplicité des tests et de garantir un risque d'erreur global égal au risque choisi par l'utilisateur. Si le risque alpha global choisi est égal à 0,05, il faut considérer comme significatives les différences dont la valeur de la probabilité correspondante est égale ou inférieure à 0,05. Dans le cas de l'exemple, les variétés V3, V4, V5, V7 et V8 sont significativement différentes de la variété V2 au risque alpha = 0,05.

La figure 3.8 reprend les résultats des intervalles de confiance de la différence entre chaque variété et la variété témoin V2. La colonne « `contrast` » indique la comparaison qui est réalisée, la colonne « `estimate` » reprend l'estimation des différences entre les variétés et la variété V2, les colonnes « `SE` » et « `df` » sont, respectivement, l'erreur standard de l'estimateur et les degrés de liberté associés à la variance de l'estimateur, les colonnes « `lower.CL` » et « `upper.CL` » reprennent, respectivement, la limite inférieure et la limite supérieure de l'intervalle de confiance de la différence entre chaque variété et la variété témoin V2. Les intervalles de confiance sont ajustés par la méthode de Dunnett afin de tenir compte de la multiplicité des intervalles et de garantir un niveau de confiance global égal à celui choisi par l'utilisateur.

contrast	estimate	SE	df	lower.CL	upper.CL
V1 - V2	3.595430	1.85047	36	-1.6763394	8.867199
V10 - V2	1.212197	1.85047	36	-4.0595723	6.483966
V3 - V2	5.859157	1.85047	36	0.5873882	11.130927
V4 - V2	7.828792	1.85047	36	2.5570226	13.100561
V5 - V2	5.978395	1.85047	36	0.7066256	11.250164
V6 - V2	4.879941	1.85047	36	-0.3918278	10.151711
V7 - V2	6.348242	1.85047	36	1.0764732	11.620012
V8 - V2	8.812733	1.85047	36	3.5409640	14.084502
V9 - V2	4.584436	1.85047	36	-0.6873328	9.856206

Confidence level used: 0.95
Conf-level adjustment: dunnettx method for 9 estimates

Figure 3.8. Analyse de l'exemple « blé » : comparaison à un témoin. Calcul d'intervalles de confiance.

La figure 3.9 reprend les résultats du test de Tukey qui compare les moyennes des variétés deux à deux. La colonne « `contrast` » indique la comparaison qui est réalisée, la colonne « `estimate` » reprend l'estimation des différences entre les

contrast	estimate	SE	df	t.ratio	p.value
V1 - V10	2.3832329	1.85047	36	1.288	0.9501
V1 - V2	3.5954297	1.85047	36	1.943	0.6415
V1 - V3	-2.2637277	1.85047	36	-1.223	0.9635
V1 - V4	-4.2333621	1.85047	36	-2.288	0.4207
V1 - V5	-2.3829651	1.85047	36	-1.288	0.9501
V1 - V6	-1.2845117	1.85047	36	-0.694	0.9994
V1 - V7	-2.7528127	1.85047	36	-1.488	0.8883
V1 - V8	-5.2173035	1.85047	36	-2.819	0.1681
V1 - V9	-0.9890067	1.85047	36	-0.534	0.9999
V10 - V2	1.2121969	1.85047	36	0.655	0.9996
...					
V7 - V9	1.7638060	1.85047	36	0.953	0.9932
V8 - V9	4.2282968	1.85047	36	2.285	0.4223

P value adjustment: tukey method for comparing a family of 10 estimates

Figure 3.9. Analyse de l'exemple « blé » : test de Tukey.

variete	lsmean	SE	df	lower.CL	upper.CL	.group
V2	75.39573	4.185144	4.8	64.50405	86.28740	A
V10	76.60792	4.185144	4.8	65.71625	87.49959	AB
V1	78.99116	4.185144	4.8	68.09948	89.88283	ABC
V9	79.98016	4.185144	4.8	69.08849	90.87183	ABC
V6	80.27567	4.185144	4.8	69.38400	91.16734	ABC
V3	81.25488	4.185144	4.8	70.36321	92.14656	ABC
V5	81.37412	4.185144	4.8	70.48345	92.26572	ABC
V7	81.74397	4.185144	4.8	70.85230	92.63564	BC
V4	83.22452	4.185144	4.8	72.33285	94.11619	C
V8	84.20846	4.185144	4.8	73.31679	95.10013	C

Confidence level used: 0.95
P value adjustment: tukey method for comparing a family of 10 estimates
significance level used: alpha = 0.05

Figure 3.10. Analyse de l'exemple « blé » : représentation des résultats du test de Tukey sous forme de groupes homogènes.

variétés, les colonnes « SE » et « df » sont, respectivement, l'erreur standard de l'estimateur et les degrés de liberté associés à la variance de l'estimateur, la colonne « t.ratio » reprend la valeur de la statistique de test qui est supposée suivre une distribution de Student, et la colonne « p.value » est la probabilité associée à la statistique de test. Cette probabilité est ajustée par la méthode de Tukey afin de tenir compte de la multiplicité des tests et de garantir un risque d'erreur global égal au risque choisi par l'utilisateur. Si le risque alpha global choisi est égal à 0,05, il faut considérer comme significatives les différences dont la valeur de la probabilité correspondante est égale ou inférieure à 0,05. Dans le cas de l'exemple, aucune des différences affichées n'est significative au risque alpha = 0,05. Les résultats de ces comparaisons deux à deux peuvent être utilisés pour générer une représentation compacte sous forme de groupes homogènes identifiés par des lettres. Cette représentation compacte est affichée dans la figure 3.10.

La figure 3.11 reprend les résultats des intervalles de confiance des effets des variétés, c'est-à-dire de la différence entre chaque variété et la moyenne générale. La colonne « contrast » indique la comparaison qui est réalisée, la colonne « estimate » reprend l'estimation des effets des variétés, les colonnes « SE » et « df » sont, respectivement, l'erreur standard de l'estimateur et les degrés de liberté associés à la variance de l'estimateur, les colonnes « lower.CL » et « upper.CL » reprennent, respectivement, la limite inférieure et la limite supérieure de l'intervalle de confiance des effets des variétés. Les intervalles de confiance sont ajustés par la méthode de Sidak afin de tenir compte de la multiplicité des intervalles et de garantir un niveau de confiance global égal à celui choisi par l'utilisateur.

contrast		estimate	SE	df	lower.CL	upper.CL
V1	effect	-1.31450267	1.241333	36	-5.0157761	2.386770802
V10	effect	-3.69773553	1.241333	36	-7.3990090	0.003537938
V2	effect	-4.90993241	1.241333	36	-8.6112059	-1.208658942
V3	effect	0.94922501	1.241333	36	-2.7520485	4.650498481
V4	effect	2.91885941	1.241333	36	-0.7824141	6.620132884
V5	effect	1.06846240	1.241333	36	-2.6328111	4.769735868
V6	effect	-0.02999101	1.241333	36	-3.7312645	3.671282463
V7	effect	1.43830999	1.241333	36	-2.2629635	5.139583455
V8	effect	3.90280082	1.241333	36	0.2015274	7.604074292
V9	effect	-0.32549601	1.241333	36	-4.0267695	3.375777455

Confidence level used: 0.95
Conf-level adjustment: sidak method for 10 estimates

Figure 3.11. Analyse de l'exemple « blé » : comparaison à la moyenne générale. Calcul d'intervalles de confiance.

Exemple « blé » : script R et analyse commentée

Cette partie propose un script R pour l'analyse des données individuelles d'un réseau d'expérimentations en blocs aléatoires complets.

```
# R version 3.4.3
# chargement des packages
library(lme4) # version 1.1-14
library(emmeans) # version 1.0
library(car) # version 2.1-6
library(outliers) # Version: 0.14
```

La librairie **lme4** permet l'ajustement du modèle mixte, la librairie **emmeans** permet le calcul des moyennes par variété et la réalisation de contrastes entre ces moyennes, la librairie **car** permet le calcul du tableau d'analyse de la variance, et la librairie **outliers** permet la détection de résidus suspects.

```
# ajustement du modèle
res.lmer <- lmer(rendement ~ variete + (1|expe-
rimentation) + (1|experimentation:variete) +
(1|experimentation:bloc), data=DF,
na.action=na.exclude)
res.lmer
```

La fonction **lmer** de la librairie **lme4** permet l'ajustement du modèle mixte. Avec la fonction **lmer**, les facteurs aléatoires sont indiqués entre parenthèses, et précédés du chiffre « 1 » et d'une barre verticale « | ». Cette syntaxe signifie que l'on considère un effet aléatoire propre à chaque modalité du facteur. La commande **res.lmer** permet d'afficher le résultat de l'ajustement du modèle dans la console R, présenté dans la figure 3.12. On peut y retrouver une estimation de l'écart-

```
Linear mixed model fit by REML ['lmerMod']
Formula:
rdt ~ variete + (1 | experimentation) + (1 |
experimentation:variete) +
(1 | experimentation:bloc)
Data: DF
REML criterion at convergence: 775.5289
Random effects:
```

Groups	Name	Std.Dev.
experimentation:variete	(Intercept)	2.555
experimentation:bloc	(Intercept)	2.249
experimentation	(Intercept)	8.794
Residual		2.471

```
Number of obs: 150, groups:
experimentation:variete, 50; experimentation:bloc, 15;
experimentation, 5
Fixed Effects:
```

(Intercept)	varieteV10	varieteV2	varieteV3	varieteV4	varieteV5
78.991	-2.383	-3.595	2.264	4.233	2.383

varieteV6	varieteV7	varieteV8	varieteV9
1.285	2.753	5.217	0.989

Figure 3.12. Informations sur le modèle mixte.

type des effets « `experimentation` », 8,794, « `experimentation:bloc` », 2,249, « `experimentation:variete` », 2,555, et de l'écart-type des résidus du modèle, 2,471.

On peut y retrouver également une estimation des effets fixes. Avec les contrastes utilisés par défaut par R pour ajuster le modèle, l'intercept correspond à la moyenne de la première variété par ordre alphabétique, et les autres estimations sont les écarts entre la première variété et les autres variétés. Cette contrainte sur l'effet de la première variété est une contrainte d'identifiabilité nécessaire à l'estimation des paramètres du modèle (Venables et Ripley, 1998). Il est possible de spécifier d'autres types de contrastes pour ajuster le modèle, qui impliquent d'autres contraintes d'identifiabilité (Galecki et Burzykowski, 2013).

```
# validation du modèle
plot(fitted(res.lmer),residuals(res.lmer),
abline(h=0))
hist(residuals(res.lmer))
```

Les fonctions **plot** et **hist** permettent de réaliser des graphiques des résidus du modèle afin de valider certaines des hypothèses associées à ce dernier. Ces graphiques sont présentés dans la figure 3.13. Les résidus du modèle sont supposés être distribués suivant une loi normale, être de même variance, et être indépendants. Au vu de ces graphiques, rien ne permet de remettre en cause l'hypothèse de normalité ni celle d'homoscédasticité. Il faut noter que le même type de validation devrait être fait sur les autres effets aléatoires.

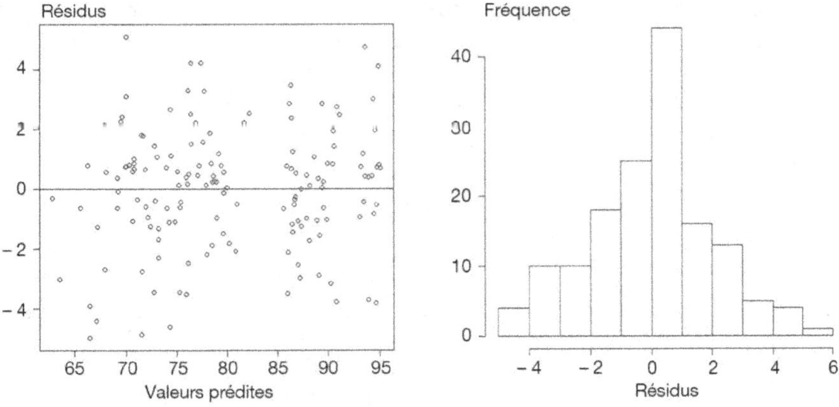

Figure 3.13. Graphiques de validation du modèle. À gauche : nuage de points des résidus en fonction des valeurs prédites. À droite : histogramme des résidus.

```
DF$residus <- residuals(res.lmer)
grubbs.test(DF$residus)
DF[which.max(DF$residus),]
```

La fonction **residuals** permet de stocker les résidus du modèle mixte dans une nouvelle variable appelée « residus ». La fonction **grubbs.test** de la librairie **outliers** permet d'identifier la présence de résidus suspects et la fonction **which.max** permet d'afficher l'observation correspondant au résidu qui a la valeur la plus élevée.

```
data: DF$residus
G = 2.5253, U = 0.9569, p-value = 0.8108
alternative hypothesis: highest value 5.10177381601873
is an outlier
```
Figure 3.14. Test de Grubbs.

Le test de Grubbs, dont les résultats sont présentés dans la figure 3.14, ne met en évidence aucun résidu suspect. La figure 3.15 affiche l'observation correspondant au résidu dont la valeur est la plus grande.

	annee	lieu	experimentation	variete	bloc	rdt	residus
64	2003	L3	3	V4	1	75.14778	5.101774

Figure 3.15. Observation correspondant au résidu dont la valeur est la plus grande.

```
# tableau d'anova
Anova(res.lmer, test.statistic="F")
```

La fonction **Anova** de la librairie **car** permet le calcul du tableau d'analyse de la variance servant à la réalisation du test F. Les résultats sont repris dans la figure 3.16. Dans le cadre d'un modèle mixte avec le facteur « experimentation » aléatoire, les moyennes qui sont testées correspondent aux moyennes des variétés sur l'ensemble de la population d'expérimentations dont les dix expérimentations observées sont représentatives. La probabilité du test F, 0,0006507, indique que les différences entre variétés sont très hautement significatives.

```
Analysis of Deviance Table (Type II Wald F tests with
Kenward-Roger df)
Response: rendement
```

	F	Df	Df.res	Pr(>F)	
variete	4.3791	9	36	0.0006507	***

```
Signif. codes: 0 '***' 0.001 '**' 0.01 '*' 0.05 '.' 0.1 ' ' 1
```
Figure 3.16. Test F.

```
# moyennes ajustées
moy_var <- lsmeans(res.lmer, ~variete)
moy_var
```

La fonction **lsmeans** de la librairie **emmeans** permet le calcul des moyennes des variétés, qui sont reprises dans la figure 3.17. Il s'agit de moyennes ajustées, comme l'indique le terme **lsmean** (*Least Square Mean*), bien que dans ce cas-ci, le tableau de données étant complet, les moyennes ajustées sont identiques aux moyennes brutes. La notion de moyenne ajustée sera présentée en détail dans le chapitre 4.

variete	lsmean	SE	df	lower.CL	upper.CL
V1	78.99116	4.185144	4.8	68.09948	89.88283
V10	76.60792	4.185144	4.8	65.71625	87.49959
V2	75.39573	4.185144	4.8	64.50405	86.28740
V3	81.25488	4.185144	4.8	70.36321	92.14656
V4	83.22452	4.185144	4.8	72.33285	94.11619
V5	81.37412	4.185144	4.8	70.48245	92.26579
V6	80.27567	4.185144	4.8	69.38400	91.16734
V7	81.74397	4.185144	4.8	70.85230	92.63564
V8	84.20846	4.185144	4.8	73.31679	95.10013
V9	79.98016	4.185144	4.8	69.08849	90.87183

Confidence level used: 0.95

Figure 3.17. Moyennes ajustées.

```
# comparaisons 2 à 2
pairs(moy_var, adjust="tukey")
cld(moy_var, Letters=c(LETTERS))
```

La fonction **pairs** de la librairie **emmeans** réalise toutes les comparaisons deux à deux entre les moyennes en utilisant la méthode « tukey » permettant d'ajuster la probabilité des tests pour tenir compte de la multiplicité des tests. Enfin, la fonction **cld** de la librairie **emmeans** permet la réalisation de groupes homogènes.

La figure 3.18 reprend les comparaisons deux à deux entre les moyennes des variétés. Les estimations des différences sont indiquées dans la colonne « estimate ». Un test statistique est réalisé pour tester l'hypothèse de nullité de ces différences. La probabilité des tests est ajustée pour tenir compte de la multiplicité des tests et préserver un risque d'erreur de première espèce global égal au risque choisi par l'utilisateur. Cela signifie, par exemple, que si l'on décide de déclarer significatives les différences dont la p-valeur est inférieure ou égale à 0,05, on encourt un risque d'erreur global égal à 5 %.

La figure 3.19 présente les comparaisons deux à deux entre les moyennes des variétés sous forme de groupes homogènes symbolisés par des lettres, en considérant un risque d'erreur de première espèce égal à 5 %. Deux variétés ne présentant aucune lettre en commun sont déclarées statistiquement différentes au seuil

contrast	estimate	SE	df	t.ratio	p.value
V1-V10	2.3832329	1.85047	36	1.288	0.9501
V1-V2	3.5954297	1.85047	36	1.943	0.6415
V1-V3	-2.2637277	1.85047	36	-1.223	0.9635
V1-V4	-4.2333621	1.85047	36	-2.288	0.4207
V1-V5	-2.3829651	1.85047	36	-1.288	0.9501
V1-V6	-1.2845117	1.85047	36	-0.694	0.9994
V1-V7	-2.7528127	1.85047	36	-1.488	0.8883
V1-V8	-5.2173035	1.85047	36	-2.819	0.1681
V1-V9	-0.9890067	1.85047	36	-0.534	0.9999
V10-V2	1.2121969	1.85047	36	0.655	0.9996
V10-V3	-4.6469605	1.85047	36	-2.511	0.2966
V10-V4	-6.6165949	1.85047	36	-3.576	0.0301
V10-V5	-4.7661979	1.85047	36	-2.576	0.2655
V10-V6	-3.6677445	1.85047	36	-1.982	0.6162
V10-V7	-5.1360455	1.85047	36	-2.776	0.1833
V10-V8	-7.6005364	1.85047	36	-4.107	0.0074
V10-V9	-3.3722395	1.85047	36	-1.822	0.7173
V2-V3	-5.8591574	1.85047	36	-3.166	0.0802
V2-V4	-7.8287918	1.85047	36	-4.231	0.0052
V2-V5	-5.9783948	1.85047	36	-3.231	0.0692
V2-V6	-4.8799414	1.85047	36	-2.637	0.2379
V2-V7	-6.3482424	1.85047	36	-3.431	0.0431
V2-V8	-8.8127332	1.85047	36	-4.762	0.0011
V2-V9	-4.5844364	1.85047	36	-2.477	0.3138
V3-V4	-1.9696344	1.85047	36	-1.064	0.9852
V3-V5	-0.1192374	1.85047	36	-0.064	1.0000
V3-V6	0.9792160	1.85047	36	0.529	0.9999
V3-V7	-0.4890850	1.85047	36	-0.264	1.0000
V3-V8	-2.9535758	1.85047	36	-1.596	0.8413
V3-V9	1.2747210	1.85047	36	0.689	0.9994
V4-V5	1.8503970	1.85047	36	1.000	0.9904
V4-V6	2.9488504	1.85047	36	1.594	0.8425
V4-V7	1.4805494	1.85047	36	0.800	0.9981
V4-V8	-0.9839414	1.85047	36	-0.532	0.9999
V4-V9	3.2443554	1.85047	36	1.753	0.7583
V5-V6	1.0984534	1.85047	36	0.594	0.9998
V5-V7	-0.3698476	1.85047	36	-0.200	1.0000
V5-V8	-2.8343384	1.85047	36	-1.532	0.8703
V5-V9	1.3939584	1.85047	36	0.753	0.9988
V6-V7	-1.4683010	1.85047	36	-0.793	0.9983

contrast	estimate	SE	df	t.ratio	p.value
V6-V8	-3.9327918	1.85047	36	-2.125	0.5228
V6-V9	0.2955050	1.85047	36	0.160	1.0000
V7-V8	-2.4644908	1.85047	36	-1.332	0.9392
V7-V9	1.7638060	1.85047	36	0.953	0.9932
V8-V9	4.2282968	1.85047	36	2.285	0.4223

P value adjustment: tukey method for comparing a family of 10 estimates

Figure 3.18. Comparaisons deux à deux entre les moyennes des variétés.

alpha = 0,05. C'est le cas, par exemple, des variétés V2 et V7. Par contre, les variétés V10 et V7 ne sont pas statistiquement différentes car elles ont un « B » en commun.

variete	lsmean	SE	df	lower.CL	upper.CL	.group
V2	75.39573	4.185144	4.8	64.50405	86.28740	A
V10	76.60792	4.185144	4.8	65.71625	87.49959	AB
V1	78.99116	4.185144	4.8	68.09948	89.88283	ABC
V9	79.98016	4.185144	4.8	69.08849	90.87183	ABC
V6	80.27567	4.185144	4.8	69.38400	91.16734	ABC
V3	81.25488	4.185144	4.8	70.36321	92.14656	ABC
V5	81.37412	4.185144	4.8	70.48245	92.26579	ABC
V7	81.74397	4.185144	4.8	70.85230	92.63564	BC
V4	83.22452	4.185144	4.8	72.33285	94.11619	C
V8	84.20846	4.185144	4.8	73.31679	95.10013	C

Confidence level used: 0.95
P value adjustment: tukey method for comparing a family of 10 estimates
significance level used: alpha = 0.05

Figure 3.19. Groupes homogènes.

```
# comparaisons à la moyenne générale
contrast(moy_var, method="eff", adjust="sidak")
confint(contrast(moy_var, method="eff",
adjust="sidak"))
```

La fonction **contrast** de la librairie **emmeans**, utilisée avec la méthode « eff », calcule tous les écarts entre chaque variété et la moyenne générale. La méthode d'ajustement « sidak » permet d'ajuster la probabilité des tests pour tenir compte de la multiplicité des tests. La fonction **confint** de la librairie **emmeans** permet le calcul des intervalles de confiance des effets des variétés.

La figure 3.20 présente la différence entre chaque variété et la moyenne générale. La colonne « contrast » indique la comparaison qui est réalisée, la colonne

« estimate » reprend l'estimation des effets des variétés, les colonnes « SE » et « df » sont, respectivement, l'erreur standard de l'estimateur et les degrés de liberté associés à la variance de l'estimateur, la colonne « t.ratio » est la statistique de test qui teste l'égalité des effets « variété » à zéro, et la colonne « p.value » est la probabilité associée à la statistique de test. Les probabilités des tests sont ajustées par la méthode de Sidak afin de tenir compte de la multiplicité des tests et de garantir un risque alpha global égal à celui choisi par l'utilisateur. Au seuil alpha = 0,05, la variété V2 présente une moyenne significativement inférieure à la moyenne générale, alors que la variété V8 présente une moyenne significativement supérieure à la moyenne générale.

La figure 3.21 présente la différence entre chaque variété et la moyenne générale, et les intervalles de confiance de ces effets, calculés avec un niveau de confiance de

contrast	estimate	SE	df	t.ratio	p.value
V1 effect	-1.31450267	1.241333	36	-1.059	0.9704
V10 effect	-3.69773553	1.241333	36	-2.979	0.0504
V2 effect	-4.90993241	1.241333	36	-3.955	0.0034
V3 effect	0.94922501	1.241333	36	0.765	0.9974
V4 effect	2.91885941	1.241333	36	2.351	0.2180
V5 effect	1.06846240	1.241333	36	0.861	0.9934
V6 effect	-0.02999101	1.241333	36	-0.024	1.0000
V7 effect	1.43830999	1.241333	36	1.159	0.9468
V8 effect	3.90280082	1.241333	36	3.144	0.0328
V9 effect	-0.32549601	1.241333	36	-0.262	1.0000

P value adjustment: sidak method for 10 tests

Figure 3.20. Comparaisons des moyennes des variétés à la moyenne générale.

contrast	estimate	SE	df	lower.CL	upper.CL
V1 effect	-1.31450267	1.241333	36	-5.0157761	2.386770802
V10 effect	-3.69773553	1.241333	36	-7.3990090	0.003537938
V2 effect	-4.90993241	1.241333	36	-8.6112059	-1.208658942
V3 effect	0.94922501	1.241333	36	-2.7520485	4.650498481
V4 effect	2.91885941	1.241333	36	-0.7824141	6.620132884
V5 effect	1.06846240	1.241333	36	-2.6328111	4.769735868
V6 effect	-0.02999101	1.241333	36	-3.7312645	3.671282463
V7 effect	1.43830999	1.241333	36	-2.2629635	5.139583455
V8 effect	3.90280082	1.241333	36	0.2015274	7.604074292
V9 effect	-0.32549601	1.241333	36	-4.0267695	3.375777455

Confidence level used: 0.95
Conf-level adjustment: sidak method for 10 estimates

Figure 3.21. Intervalles de confiance des effets des variétés.

95 %. La colonne « `contrast` » indique la comparaison qui est réalisée, la colonne « `estimate` » reprend l'estimation des effets des variétés, les colonnes « `SE` » et « `df` » sont, respectivement, l'erreur standard de l'estimateur et les degrés de liberté associés à la variance de l'estimateur, les colonnes « `lower.CL` » et « `upper.CL` » reprennent, respectivement, la limite inférieure et la limite supérieure de l'intervalle de confiance des effets des variétés. Les intervalles de confiance sont ajustés par la méthode de Sidak afin de tenir compte de la multiplicité des intervalles et de garantir un niveau de confiance global égal à celui choisi par l'utilisateur.

```
# comparaisons à un témoin
contrast(moy_var, method="trt.vs.ctrl", ref=2)
confint(contrast(moy_var, method="trt.vs.ctrl",
ref=2))
```

La fonction **contrast** avec l'argument **method="trt.vs.ctrl"** et **ref=2** permet de comparer toutes les variétés à la deuxième variété par ordre alphabétique, c'est-à-dire la variété V10 ici, considérée comme témoin. La fonction **confint** de la librairie **emmeans** permet le calcul des intervalles de confiance des différences entre les variétés et la variété témoin V10.

En pratique, le choix de faire les tests de comparaisons deux à deux conduisant aux groupes homogènes ou le test de comparaison à un témoin est fonction des objectifs de l'étude et, normalement, un seul test est réalisé. Les deux tests sont présentés ici à titre d'illustration.

La figure 3.22 reprend les comparaisons entre les moyennes des variétés et la variété témoin V10. Les estimations des différences sont indiquées dans la colonne « `estimate` ». Un test statistique est réalisé pour tester l'hypothèse de nullité de ces différences. La probabilité des tests est ajustée pour tenir compte de la multiplicité des tests et préserver un risque d'erreur de première espèce global égal au risque choisi par l'utilisateur. Cela signifie, par exemple, que si l'on décide de déclarer significatives les différences dont la p-valeur est inférieure ou égale à 0,05,

contrast	estimate	SE	df	t.ratio	p.value
V1-V10	2.383233	1.85047	36	1.288	0.6974
V2-V10	-1.212197	1.85047	36	-0.655	0.9612
V3-V10	4.646961	1.85047	36	2.511	0.1065
V4-V10	6.616595	1.85047	36	3.576	0.0079
V5-V10	4.766198	1.85047	36	2.576	0.0927
V6-V10	3.667745	1.85047	36	1.982	0.2904
V7-V10	5.136046	1.85047	36	2.776	0.0593
V8-V10	7.600536	1.85047	36	4.107	0.0018
V9-V10	3.372240	1.85047	36	1.822	0.3730

P value adjustment: dunnettx method for 9 tests

Figure 3.22. Comparaisons à la variété témoin V10 : test de Dunnett.

on encourt un risque d'erreur global égal à 5 %. Au risque alpha global de 5 %, seules les variétés V4 et V8 sont différentes de la variété V10.

La figure 3.23 reprend les résultats des intervalles de confiance de la différence entre chaque variété et la variété témoin V10. La colonne « contrast » indique la comparaison qui est réalisée, la colonne « estimate » reprend l'estimation des différences entre les variétés et la variété V10, les colonnes « SE » et « df » sont, respectivement, l'erreur standard de l'estimateur et les degrés de liberté associés à la variance de l'estimateur, les colonnes « lower.CL » et « upper.CL » reprennent, respectivement, la limite inférieure et la limite supérieure de l'intervalle de confiance de la différence entre chaque variété et la variété témoin V10. Les intervalles de confiance sont ajustés par la méthode de Dunnett afin de tenir compte de la multiplicité des intervalles et de garantir un niveau de confiance global égal à celui choisi par l'utilisateur. Le test de Dunnett présenté dans la figure 3.22 indique que les variétés V4 et V8 sont significativement différentes de la variété V10 ; cependant, l'examen des intervalles de confiance associés à ces deux variétés montre qu'il y a une incertitude importante sur la vraie valeur de l'écart entre les variétés V4 et V8 et la variété V10.

contrast	estimate	SE	df	lower.CL	upper.CL
V1-V10	2.383233	1.85047	36	-2.8885363	7.655002
V2-V10	-1.212197	1.85047	36	-6.4839661	4.059572
V3-V10	4.646961	1.85047	36	-0.6248086	9.918730
V4-V10	6.616595	1.85047	36	1.3448258	11.888364
V5-V10	4.766198	1.85047	36	-0.5055713	10.037967
V6-V10	3.667745	1.85047	36	-1.6040247	8.939514
V7-V10	5.136046	1.85047	36	-0.1357237	10.407815
V8-V10	7.600536	1.85047	36	2.3287672	12.872306
V9-V10	3.371140	1.85047	36	-1.8996297	8.644000

Confidence level used: 0.95
Conf-level adjustment: dunnettx method for 9 estimates

Figure 3.23. Comparaisons à la variété témoin V10 : intervalles de confiance.

```
# effets aléatoires
ranef(res.lmer)
```

La fonction **ranef** de la librairie **lme4** permet d'afficher les effets aléatoires. La figure 3.24 reprend les estimations des effets aléatoires des expérimentations. Ces effets sont supposés être distribués suivant une loi normale, être de même variance, et être indépendants. La figure 3.24 permet de dire, par exemple, que l'expérimentation E1 possède un rendement moyen de 4,81 q/ha inférieur à la moyenne de la population d'environnements, ou qu'il existe une différence de rendement de 18,22 q/ha entre les expérimentations E2 et E3.

$experimentation	(Intercept)
1	-4.818378
2	9.372484
3	-8.848200
4	-4.956037
5	9.250131

Figure 3.24. Effets aléatoires « `experimentation` ».

En résumé, on peut considérer que le modèle utilisé est approprié pour décrire les données de l'exemple « blé », car rien ne permet de remettre en cause sa validité. On peut donc utiliser ce modèle pour interpréter les données. L'objectif de l'analyse est avant tout de comparer les moyennes des variétés, et les résultats du test F permettent d'affirmer que, d'une manière générale, les moyennes des variétés ne sont pas identiques. Les tests de comparaisons multiples permettent d'affiner cette conclusion globale. Ainsi, par exemple, le test de comparaison à la variété témoin V10 permet de dire que les moyennes des variétés V4 et V8 sont significativement supérieures à la moyenne de la variété V10. Aucune variété ne présente une moyenne significativement inférieure à celle de la variété V10. Les intervalles de confiance des différences entre les variétés et la variété V10 sont cependant relativement larges, ce qui indique que la précision de ces comparaisons est relativement faible. Ainsi, on ne peut pas exclure que l'écart réel entre la variété V4 et la variété V10, et, dans une moindre mesure, entre la variété V8 et la variété V10, soit de peu d'intérêt en pratique. De manière équivalente, on ne peut pas exclure qu'il existe, en réalité, un écart important entre les autres variétés et la variété V10. Pour pouvoir tirer des conclusions plus précises, il aurait été nécessaire de disposer d'un réseau comportant plus d'expérimentations. Le chapitre 5 présente en détail le problème du dimensionnement d'un réseau d'expérimentations.

Références

Berger R.L., Hsu J.C., 1996. Bioequivalence trials, intersection-union tests and equivalence confidence sets (with comments). *Statistical Science*, 11, 283-319.

Cochran W.G., Cox G.M., 1957. *Experimental Designs*, Wiley, New York, 611 p.

Committee for Proprietary Medicinal Products, 2001. Points to consider on switching between superiority and non-inferiority. *Br. J. Clin. Pharmacol.*, 52 (3), 223-228, doi:10.1046/j.0306-5251.2001.01397-3.x.

Dagnelie P., 1981. *Principes d'expérimentation*, Gembloux, Presses agronomiques, 182 p.

Dagnelie P., 1992. *Statistique théorique et appliquée. Tome 1 : les bases théoriques*, Les Presses agronomiques de Gembloux, 492 p.

Dagnelie P., 1998. *Statistique théorique et appliquée. Tome 2 : inférence statistique à une et à deux dimensions*, Paris et Bruxelles, De Boeck & Larcier, 659 p.

Galecki A., Burzykowski T., 2013. *Linear Mixed-Effects Models Using R*, Springer, 542 p.

Hothorn T., Bretz F., Westfall P., 2008. Simultaneous inference in general parametric models. *Biometrical Journal*, 50 (3), 346-363.

Jaykaran D.S., Saxena D., Yadav P., Kantharia N.D., 2011. Nonsignificant *P* values cannot prove null hypothesis: Absence of evidence is not evidence of absence. *J. Pharm. Bioallied. Sci.*, 3 (3), 465-466, doi:10.4103/0975-7406.84470.

Kempton R.A., 1981. The use of neighbouring plot values in the analysis of variety trials. *Appl. Statist.*, 30, 59-70.

Lew M.J., 2013. To P or not to P: on the evidential nature of P-values and their place in scientific inference, 31 p., arXiv:1311.0081v1.

Littell R.C., Milliken G.A., Stroup W.W., Wolfinger R.D., 1996. *SAS System for Mixed Models*, Cary, NC, SAS Institute Inc., 633 p.

Littell R.C., Milliken G.A., Stroup W.W., Wolfinger R.D., Schabenberger O., 2006. *SAS System for Mixed Models*, Second Edition, Cary, NC, SAS Institute Inc., 814 p.

Madden L.V., Shah D.A., Esker P.D., 2015. Does the *P* Value Have a Future in Plant Pathology? http://dx.doi.org/10.1094/PHYTO-07-15-0165-LE (consulté le 28/05/2018).

Morey R., Hoekstra R., Rouder J., Lee M., Wagenmakers E.-J., 2015. The fallacy of placing confidence in confidence intervals. *Psychonomic Bulletin & Review*, 1-21, http://doi.org/10.3758/s13423-015-0947-8 (consulté le 28/05/2018).

Piepho H.-P., Möhring J., Melchinger A.E., 2008. BLUP for phenotypic selection in plant breeding and variety testing. *Euphytica*, 161, 209-228.

Robinson A.P., Froese R.E., 2004. Model validation using equivalence tests. *Ecological Modelling*, 176, 349-358.

SAS Institute Inc., 1989. *SAS/STAT User's Guide*, Version 6, Fourth Edition, Vol. 2, Cary, NC,: SAS Institute Inc., 846 p.

Schuirmann D., 1987. A comparison of the Two One-Sided Tests Procedure and the Power Approach for assessing the equivalence of average bioavailability. *Journal of Pharmacokinetics and Biopharmaceutics*, 15 (6), 657-680.

Tukey J.W., 1991. The philosophy of multiple comparisons. *Statistical Science*, 6 (1), 100-116.

Venables W.N., Ripley B.D., 1998. *Modern Applied Statistics with S-PLUS*, Springer, 548 p.

Zimmerman D.L., 1991. A random field approach to the analysis of field-plot experiments and other spatial experiments. *Biometrics*, 47, 223-239.

4

Méthodes avancées
pour l'analyse des réseaux

Analyse des données moyennes

Lors de l'analyse d'un réseau d'expérimentations, il est toujours conseillé d'analyser dans un premier temps les différentes expérimentations individuelles. Il peut arriver, dans un réseau d'expérimentations, que différents dispositifs soient utilisés pour les différentes expérimentations. Dans ce cas, le modèle d'analyse des expérimentations individuelles doit tenir compte des dispositifs spécifiques utilisés dans chaque expérimentation.

D'autre part, il peut arriver que les modèles utilisés pour l'analyse des expérimentations individuelles soient différents d'une expérimentation à l'autre, même dans le cas où les dispositifs expérimentaux utilisés dans les expérimentations du réseau sont identiques (par exemple un dispositif en blocs aléatoires complets comme dans le cas de l'exemple « blé » du chapitre 3). Dans certaines expérimentations, en effet, le dispositif expérimental utilisé, qui a été choisi pour contrôler le mieux possible la variabilité expérimentale supposée *a priori*, peut s'avérer inadapté pour décrire la variabilité expérimentale constatée *a posteriori*. Ainsi, par exemple, dans une expérimentation réalisée avec un dispositif en blocs aléatoires complets, il est fréquent d'observer lors de l'analyse des résultats un gradient de fertilité à l'intérieur des blocs (Monod, 2001). On peut également citer le cas d'une expérimentation qui aurait subi des dégâts dus au passage de gibier ou à un orage de grêle. Ces événements peuvent apparaître de manière très hétérogène au sein d'une expérimentation et donc accroître la variabilité expérimentale non contrôlée. Il est parfois possible de prendre en compte ces facteurs de variabilité imprévus en adaptant le modèle statistique utilisé. Deux approches fréquemment utilisées sont l'analyse spatiale et l'analyse de la covariance (Gilmour, 2000 ; Kempton et Fox, 1997). Ces facteurs de variabilité imprévus, qui peuvent se présenter dans certaines expérimentations et pas d'autres, ou avoir des effets plus ou moins importants selon l'expérimentation considérée, ont comme conséquence de nécessiter la mise en œuvre de modèles d'analyse des expérimentations individuelles éventuellement différents.

Dans les deux situations présentées ci-dessus (mélange de dispositifs expérimentaux et/ou mélange de modèles d'analyse des expérimentations individuelles), l'analyse du réseau d'expérimentations sur les données individuelles se complique fortement. Il est alors plus simple de réaliser l'analyse du réseau d'expérimentations sur les valeurs moyennes des traitements calculées dans chaque expérimentation. L'analyse sur données moyennes se fait en deux étapes : la première étape permet de calculer les moyennes des traitements par expérimentation, et la deuxième étape a pour but l'analyse de ces moyennes. Si l'analyse en deux étapes est généralement plus simple, il faut noter qu'elle peut être moins performante qu'une analyse en une étape sur valeurs individuelles (Smith *et al.*, 2001a).

Étape 1 : analyse des expérimentations individuelles pour estimer les moyennes des traitements

L'objectif de la première étape est de valider chaque expérimentation d'un point de vue agronomique et statistique, et de calculer, par expérimentation, les moyennes des traitements étudiés et la précision de ces moyennes.

La validation agronomique consiste à vérifier que le protocole expérimental a été bien suivi et que l'expérimentation peut être utilisée pour répondre aux questions posées dans le protocole.

L'analyse statistique des expérimentations individuelles permet la validation statistique de l'expérimentation, le calcul des moyennes des traitements étudiés et la précision de ces moyennes. La validation statistique de l'expérimentation repose notamment sur l'examen des résidus du modèle. L'attention sera portée entre autres sur la présence de résidus suspects qui peuvent révéler un accident survenu sur une ou plusieurs unités expérimentales, ainsi que sur la précision de l'expérimentation, qui est un élément important permettant d'éclairer la validation agronomique de l'expérimentation.

Dans certains cas, un réseau peut être constitué d'expérimentations réalisées sans répétitions. Dans ce cas, l'analyse statistique des données par expérimentation n'est pas possible. Comme aucune analyse n'est possible sur les expérimentations individuelles, il n'est pas possible de valider statistiquement ces données, ni de calculer leur précision.

Étape 2 : analyse des données moyennes

L'étape 2 consiste en l'analyse des données moyennes obtenues à l'étape 1. Dans le cas d'un réseau d'expérimentations sans répétitions, les données élémentaires sont directement utilisées.

Il faut noter que lorsque l'analyse d'une expérimentation individuelle conduit au calcul de moyennes ajustées, ce sont ces moyennes qu'il faut utiliser lors de la seconde étape.

Le modèle mixte suivant est couramment utilisé pour réaliser l'analyse des données moyennes d'un réseau d'expérimentations (Piepho, 1996) :

$$y_{ij} = \mu + t_i + E_j^* + \varepsilon_{ij}^* \tag{4.1}$$

où y_{ij} est la moyenne de la grandeur d'intérêt du traitement i ($i = 1, ..., I$) dans l'expérimentation j ($j = 1, ..., J$), et μ, t_i, E_j^*, ε_{ij}^* sont, respectivement, la moyenne générale, l'effet du traitement i, l'effet de l'expérimentation j et le résidu associé à y_{ij}.

Les expérimentations observées sont supposées être un échantillon aléatoire d'une population d'expérimentations possibles. Cela implique que les E_j^* sont considérés aléatoires.

Les effets aléatoires E_j^* et ε_{ij}^* sont supposés être distribués suivant une loi normale de moyenne nulle et de variance égale à, respectivement, $\sigma_{E^*}^2$ et $\sigma_{\varepsilon^*}^2$. De plus, les différents effets aléatoires sont supposés indépendants les uns des autres.

Exemple

Nous reprenons l'exemple « blé » présenté au chapitre 3 et nous l'analysons en deux étapes. Pour mémoire, il s'agit d'un réseau d'expérimentations en blocs aléatoires complets. Le nombre de blocs par expérimentation est identique et égal à trois, et le jeu de données est complet.

Étape 1 : analyse des expérimentations individuelles

La première étape permet de calculer les moyennes des traitements par expérimentation, ainsi que la précision de ces moyennes.

Nous avons présenté dans le chapitre 3 l'analyse d'un réseau d'expérimentations en blocs aléatoires complets en considérant le facteur « bloc » aléatoire. Cela se justifie si on considère que les blocs observés sont représentatifs de la parcelle ou du lieu dans lequel l'expérimentation est réalisée. Dans le cas de l'analyse d'une expérimentation individuelle, cependant, il est courant de réaliser l'analyse en considérant le facteur « bloc » comme fixe. Cette façon de faire est recommandée lorsque le nombre de blocs par expérimentation est faible (inférieur à cinq ou dix), ce qui est souvent le cas en pratique. Dans ce cas, en effet, lorsque l'on considère les blocs aléatoires, l'estimation de la variance entre blocs est très peu précise et on observe fréquemment des variances entre blocs estimées à zéro. Dans ces conditions, l'estimation du modèle mixte avec la méthode REML n'est pas optimale et il est préférable d'utiliser un modèle avec le facteur « bloc » fixe (Piepho *et al.*, 2003). Cela ne modifie pas la variance des différences entre traitements et n'a donc pas d'incidence sur les comparaisons entre traitements, ce qui est généralement l'objectif d'une expérimentation (Spike *et al.*, 2005). Le modèle utilisé classiquement dans le cas d'une expérimentation en blocs aléatoires complets est donc le suivant :

$$y_{ik} = \mu + t_i + b_k + \varepsilon_{ik} \tag{4.2}$$

où y_{ik} est la valeur observée de la grandeur d'intérêt du traitement i ($i = 1, ..., I$) dans le bloc k ($k = 1, ..., K$), et μ, t_i, b_k, ε_{ik} sont, respectivement, la moyenne générale, l'effet du traitement i, l'effet du bloc k, et le résidu associé à y_{ik}. Les effets aléatoires ε_{ik} sont supposés être indépendants et distribués suivant une loi normale de moyenne nulle et de variance égale à σ_ε^2. Dans le cas du modèle (4.2), les estimateurs des moyennes des traitements sont de même variance et sont indépendants. La variance des moyennes des traitements est égale à $\dfrac{\sigma_\varepsilon^2}{K}$. $\dfrac{\sigma_\varepsilon^2}{K}$ est la variance effective des moyennes des traitements, c'est-à-dire la variance qui intervient dans les comparaisons entre traitements.

Dans le cas de l'exemple « blé », le jeu de données est complet et les moyennes des traitements par expérimentation sont simplement les moyennes arithmétiques des 3 répétitions. Ces données moyennes sont reprises dans le tableau 4.1. Les estimations des variances résiduelles obtenues suite à l'ajustement du modèle (4.2) sont, respectivement pour les expérimentations 1 à 5 : 7,095, 5,658, 4,758, 7,273, 5,733. Si on considère que la variance résiduelle théorique des différentes expérimentations est identique, on obtient facilement une estimation de cette variance résiduelle dans le cas de l'exemple « blé », le jeu de données étant complet et le nombre de blocs étant identique dans toutes les expérimentations. Dans ce cas, en effet, l'estimation de la variance résiduelle commune est donnée par $\hat{\sigma}_\varepsilon^2 = \dfrac{\sum_{j=1}^{J} MSE_j}{J}$, où MSE_j est l'estimation de la variance résiduelle de l'expérimentation j et J est le nombre d'expérimentations. Dans le cas de l'exemple « blé »,

on a : $\dfrac{\sum_{j=1}^{J} MSE_j}{J} = \dfrac{7,095 + 5,658 + 4,758 + 7,273 + 5,733}{5} = 6,1034$.

Cette valeur est identique à celle obtenue lors de l'analyse en une étape sur données individuelles (figure 3.1). Toujours en considérant que les différentes expérimentations possèdent une variance résiduelle théorique identique, une estimation de la variance des moyennes des traitements de l'expérimentation j est donnée par : $\dfrac{\hat{\sigma}_\varepsilon^2}{K_j}$, où K_j est le nombre de blocs de l'expérimentation j. Dans le cas de l'exemple « blé », le nombre K de blocs par expérimentation est constant et égal à 3, et la variance des moyennes des traitements est identique pour toutes les expérimentations

et son estimation est égale à : $\dfrac{\hat{\sigma}_\varepsilon^2}{K} = \dfrac{\dfrac{\sum_{j=1}^{J} MSE_j}{J}}{K} = \dfrac{6,1034}{3} = 2,0345$.

Cette variance représente l'incertitude associée aux données du tableau 4.1 qui résulte du fait que ces données sont des estimations et pas les vraies moyennes des traitements dans les expérimentations.

Tableau 4.1. Données moyennes de l'exemple « blé ».

	V1	V2	V3	V4	V5	V6	V7	V8	V9	V10
E1	72,3	68,5	77,5	77,6	78,6	74,6	72,4	80,7	79,2	71,9
E2	89,7	87,4	89,7	93,7	86,3	90,9	95,7	94,0	85,8	86,6
E3	72,2	66,4	72,9	73,4	76,2	70,7	72,8	70,4	69,7	66,9
E4	71,8	67,5	77,4	77,7	78,7	74,3	72,1	80,7	80,4	71,2
E5	88,9	87,1	88,9	93,7	87,1	91,0	95,7	95,2	84,7	86,3

Les lignes du tableau correspondent aux expérimentations, les colonnes correspondent aux variétés, et les cellules contiennent les rendements moyens en q/ha des variétés dans les expérimentations. Chaque moyenne est calculée à partir de trois observations.

Étape 2 : analyse des données moyennes

Afin d'illustrer la différence entre l'analyse en une étape sur données individuelles et l'analyse en deux étapes, nous présentons dans les figures 4.1 et 4.2 quelques résultats de l'analyse des données moyennes de l'exemple « blé ».

Composante de la variance

```
Groups                       Variance
Experimentation              79.0165
Residual                      8.5606
```

Comparaison de deux traitements

```
contrast    estimate    SE        df      lower.CL     upper.CL
V1-V10      2.3832329   1.85047   36      -1.3696951   6.13616080
```

Figure 4.1. Analyse de l'exemple « blé » sur données moyennes avec le modèle mixte (4.1).

La première partie de la figure 4.1 reprend le tableau des composantes de la variance du modèle (4.1) estimées sur le jeu de données « blé ».

La variance entre expérimentations estimée à partir des données moyennes est légèrement supérieure à celle obtenue avec l'analyse sur les données individuelles présentée dans la figure 3.1, car elle comprend également la variabilité entre blocs. En effet, dans l'analyse des données moyennes avec le modèle (4.1), les effets aléatoires E_j^* comprennent les effets des expérimentations, mais aussi, comme l'analyse se fait sur des données moyennées sur K blocs, les effets (moyennés) des blocs. La variance entre expérimentations du modèle sur données moyennes est donc égale à la somme de la variance entre expérimentations du modèle sur données individuelles plus la variance entre blocs divisée par le nombre de blocs par expérimentation :

$$\sigma_{E^*}^2 = \sigma_E^2 + \frac{\sigma_B^2}{K} \tag{4.3}$$

où $\sigma_{E^*}^2$, σ_E^2, σ_B^2 et K sont, respectivement, la variance entre expérimentations du modèle sur données moyennes, la variance entre expérimentations du modèle sur données individuelles, la variance entre blocs du modèle sur données indivi-duelles, et le nombre de blocs par expérimentation. On peut retrouver, aux erreurs d'arrondi près, la valeur de la variance entre expérimentations indiquée dans la figure 4.1 en remplaçant dans la formule (4.3) les variances σ_E^2 et σ_B^2 par les valeurs estimées reprises dans la figure 3.1 : **79.0164 = 77.3305+5.0578/3**.

La variance résiduelle estimée à partir des données moyennes est différente de celle obtenue avec l'analyse sur les données individuelles présentée dans la figure 3.1. En effet, le résidu ε_{ij}^* associé à la moyenne y_{ij} est la somme de deux effets combinés, un effet d'interaction entre le traitement i et l'expérimentation j, et une erreur d'estimation de la moyenne du traitement i dans l'expérimentation j due aux erreurs expérimentales (Frensham *et al.*, 1997 ; Smith *et al.*, 2001b). Les effets d'interaction entre les traitements et les expérimentations sont supposés indépen-dants des erreurs d'estimation des moyennes, et la variance des résidus ε_{ij}^* est donc égale à la somme de la variance de l'interaction traitement-expérimentation et de la variance des erreurs d'estimation des données moyennes. La variance des erreurs d'estimation des données moyennes est donnée par $\dfrac{\sigma_\varepsilon^2}{K}$, où σ_ε^2 est la variance des erreurs expérimentales des données individuelles, et K est le nombre de blocs par expérimentation. La variance des résidus ε_{ij}^* est donc égale à :

$$\sigma_{\varepsilon^*}^2 = \sigma_{tE}^2 + \frac{\sigma_\varepsilon^2}{K} \tag{4.4}$$

On peut retrouver la valeur de la variance résiduelle indiquée dans la figure 4.1 en remplaçant dans la formule (4.4) les variances σ_{tE}^2 et σ_ε^2 par les valeurs estimées reprises dans la figure 3.1 : **8.5606 = 6.5261+6.1034/3**.

On notera que la variance des moyennes qui intervient dans la formule (4.4) est la variance effective, c'est-à-dire la variance qui intervient dans les comparaisons entre moyennes au niveau d'une expérimentation. On ne retrouve pas la variance entre blocs dans la formule (4.4), car dans l'analyse des données moyennes, les moyennes des blocs sont confondues avec les effets des expérimentations.

La deuxième partie de la figure 4.1 montre le résultat de la comparaison de la moyenne de la variété V1 à celle de la variété V10. Ce résultat est identique à celui obtenu avec le modèle mixte (3.1) appliqué aux données individuelles. En effet, dans le cas du modèle (4.1), la variance de la différence entre les moyennes de deux traitements est donnée par :

$$Var\left(\hat{\mu}_i - \hat{\mu}_{i'}\right) = 2\,\frac{\sigma_{\varepsilon^*}^2}{J} \tag{4.5}$$

où $Var\left(\hat{\mu}_i - \hat{\mu}_{i'}\right)$ est la variance de l'estimateur de la différence entre les moyennes des traitements i et i', et $\sigma_{\varepsilon^*}^2$ et J sont, respectivement, la variance résiduelle du modèle (4.1) et le nombre d'expérimentations.

En remplaçant dans l'équation (4.5) la variance résiduelle $\sigma_{\varepsilon^*}^2$ par son expression dans l'équation (4.4), on obtient :

$$Var\left(\hat{\mu}_i - \hat{\mu}_{i'}\right) = 2\left(\frac{\sigma_{tE}^2}{J} + \frac{\sigma_{\varepsilon}^2}{JK}\right)$$

ce qui correspond à la formule (3.2) qui donne la variance de la différence entre les moyennes de deux traitements obtenue par l'analyse des données individuelles avec le modèle (3.1).

Dans le cas d'un réseau d'expérimentations en blocs complets avec un nombre de blocs par expérimentation identique, l'analyse en deux étapes avec le modèle (4.1) est équivalente à une analyse en une étape sur données individuelles avec le modèle (3.1). Les comparaisons entre traitements se font de manière identique, que l'on fasse l'analyse sur les données individuelles ou sur les données moyennes.

Dans le cas d'un réseau d'expérimentations en blocs complets dont les expérimentations individuelles sont analysées avec le modèle (4.2), l'analyse en deux étapes avec le modèle (4.1) ne se justifie pas vraiment et il est plus simple de réaliser l'analyse du réseau à partir des données individuelles. Cette analyse sur données individuelles est même à préférer dans le cas où le nombre de blocs par expérimentation varie entre expérimentations. L'analyse en deux étapes avec le modèle (4.1) sera plutôt utilisée dans le cas où le réseau présente un mélange de dispositifs expérimentaux et/ou un mélange de modèles d'analyse des expérimentations individuelles. Dans ce cas, cependant, d'une manière générale, les résultats d'une analyse sur données moyennes avec le modèle (4.1) seront différents de ceux obtenus avec une analyse sur données individuelles.

Une variante : analyse des données moyennes avec un modèle fixe

Si, habituellement, l'analyse des données moyennes d'un réseau d'expérimentations est basée sur le modèle mixte (4.1), le modèle fixe suivant peut également être utilisé :

$$y_{ij} = \mu + t_i + e_j + \varepsilon_{ij}^* \tag{4.6}$$

où y_{ij} est la moyenne de la grandeur d'intérêt du traitement i ($i = 1, \ldots, I$) dans l'expérimentation j ($j = 1, \ldots, J$), et μ, t_i, e_j, ε_{ij}^* sont, respectivement, la moyenne générale, l'effet du traitement i, l'effet de l'expérimentation j et le résidu associé à y_{ij}.

Les effets aléatoires ε_{ij}^* sont supposés être distribués suivant une loi normale de moyenne nulle et de variance égale à $\sigma_{\varepsilon^*}^2$. Ils sont également supposés indépendants les uns des autres.

Dans le cas d'un réseau complet, les estimations des moyennes des traitements obtenues avec le modèle fixe (4.6) sont identiques à celles obtenues avec le modèle mixte (4.1). De même, la variance des différences entre traitements, qui ne dépend pas des différences entre expérimentations comme le montre la formule (4.5), est identique pour les deux modèles. Dans un réseau d'expérimentations, l'objectif principal étant généralement d'estimer les différences entre les moyennes des traitements, les conclusions obtenues seront donc les mêmes avec un modèle mixte ou un modèle fixe. Il faut donc noter que dans le cas de l'analyse sur données moyennes, l'analyse réalisée avec un modèle fixe ne change pas la portée des conclusions, qui concerneront toujours la population d'environnements.

La figure 4.2 reprend les résultats de l'analyse des données moyennes avec un modèle fixe. La seule différence avec les résultats de l'analyse des données moyennes avec un modèle mixte (figure 4.1) est l'absence de composante de variance pour la variable « expérimentation ».

Composante de la variance

Groups	Variance
Residual	8.5606

Comparaison de deux traitements

contrast	estimate	SE	df	lower.CL	upper.CL
V1-V10	2.3832329	1.85047	36	-1.3696951	6.13616080

Figure 4.2. Analyse de l'exemple « blé » sur données moyennes avec un modèle fixe.

Estimation de la variance d'interaction traitement-expérimentation

Dans le cas de l'analyse sur données moyennes avec le modèle (4.1), le résidu ε_{ij}^{*} associé à la moyenne y_{ij} est la somme de deux effets combinés, un effet d'interaction entre le traitement i et l'expérimentation j, et une erreur d'estimation de la moyenne du traitement i dans l'expérimentation j. L'estimation de la variance de l'interaction traitement-expérimentation nécessite de connaître la variance des erreurs d'estimation des données moyennes.

Calcul de la variance des moyennes

Une estimation de la variance effective des données moyennes par expérimentation peut être obtenue au moyen de la formule suivante :

$$Vmoy_j = 0,5 \; VMC_j \tag{4.7}$$

où VMC_j est une estimation de la variance moyenne des comparaisons deux à deux des traitements pour l'expérimentation j.

Une estimation commune de la variance des données moyennes au niveau d'un réseau d'expérimentations est obtenue en faisant la moyenne des variances des données moyennes par expérimentation :

$$Vmoy = \frac{\sum_{j=1}^{J} Vmoy_j}{J} \tag{4.8}$$

Calcul de la variance d'interaction traitement-expérimentation

On peut obtenir une estimation de la variance de l'interaction traitement-expérimentation par différence :

$$\hat{\sigma}_{tE}^{2} = \hat{\sigma}_{\varepsilon^{*}}^{2} - Vmoy \tag{4.9}$$

où $\hat{\sigma}_{\varepsilon^{*}}^{2}$ est l'estimation de la variance résiduelle du modèle (4.1).

Cas d'un réseau d'expérimentations en blocs aléatoires complets

Dans le cas d'une expérimentation en blocs aléatoires complets analysée avec le modèle (4.2), on a : $VMC_j = 2\dfrac{MSE_j}{K_j}$, où MSE_j et K_j sont, respectivement, l'estimation de la variance résiduelle et le nombre de blocs de l'expérimentation j. La formule (4.7) devient alors : $Vmoy_j = \dfrac{MSE_j}{K_j}$, ce qui correspond à l'estimation de la variance effective des moyennes des traitements, c'est-à-dire la variance qui intervient dans les comparaisons entre traitements (voir section « Étape 1 : analyse des expérimentations individuelles »).

Dans le cas d'un réseau d'expérimentations en blocs aléatoires complets, la formule (4.8) devient donc : $Vmoy = \dfrac{\sum_{j=1}^{J}\dfrac{MSE_j}{K_j}}{J}$, où MSE_j et K_j sont, respectivement, l'estimation de la variance résiduelle et le nombre de blocs de l'expérimentation j. Dans le cas de l'exemple « blé » du chapitre 3, les estimations des variances résiduelles sont, respectivement pour les expérimentations 1 à 5 : 7,095, 5,658, 4,758, 7,273, 5,733. On obtient donc, le nombre de blocs par expérimentation étant constant et égal à trois : $Vmoy = \dfrac{(7,095+5,658+4,758+7,273+5,733)/3}{5} = 2{,}0345$.

Cette valeur est identique à celle obtenue dans la section « Étape 1 : analyse des expérimentations individuelles ». L'estimation de la variance résiduelle du modèle sur données moyennes, $\hat{\sigma}_{\varepsilon^*}^2$, est égale à 8,5606 (figure 4.1). L'estimation de la variance de l'interaction traitement-expérimentation est donc égale à 8,5606 − 2,0345 = 6,5261. Cette valeur est identique à celle obtenue lors de l'analyse des données individuelles (figure 3.1).

Dans le cas d'un réseau d'expérimentations en blocs complets avec un nombre de blocs par expérimentation identique, les formules (4.7), (4.8) et (4.9) conduisent à une estimation de la variance de l'interaction traitement-expérimentation identique à celle obtenue avec une analyse en une étape sur données individuelles avec le modèle (3.1). Il s'agit d'un cas particulier, et, d'une manière générale, la valeur obtenue au moyen des formules (4.7) à (4.9) est une approximation de celle que l'on pourrait obtenir avec une analyse en une étape sur données individuelles.

Script R

Nous présentons dans cette section un script pour l'analyse d'un réseau d'expérimentations en deux étapes. Ce script ne concerne que la seconde étape de l'analyse, c'est-à-dire l'analyse des données moyennes. La majeure partie de ce script est identique à celui présenté dans le chapitre 3 pour l'analyse des données individuelles. Les seules différences portent sur les rubriques qui concernent l'ajustement du modèle et le calcul de la variance de l'interaction traitement-expérimentation.

Les sorties issues de ce script ont été commentées en détail dans les chapitres 3 et 4 et elles ne sont donc pas reportées ici.

```r
# R version 3.4.3
# chargement des packages
library(lme4) # version 1.1-14
library(emmeans) # version 1.0
library(car) # version 2.1-6
library(outliers) # Version: 0.14
# ajustement du modèle
res.lmer <- lmer(rendement ~ variete + (1|experimen-
tation), data=DFmoy, na.action=na.exclude)
res.lmer
# validation du modèle
plot(fitted(res.lmer),residuals(res.lmer),
abline(h=0))
hist(residuals(res.lmer))
DFmoy$residus <- residuals(res.lmer)
grubbs.test(DFmoy$residus)
DFmoy[which.max(DFmoy$residus),]
# tableau d'anova
Anova(res.lmer, test.statistic="F")
# moyennes ajustées
moy_var <- lsmeans(res.lmer, ~variete)
moy_var
# comparaisons 2 à 2
pairs(moy_var, adjust="tukey")
cld(moy_var, Letters=c(LETTERS))
# comparaisons à la moyenne générale
contrast(moy_var, method="eff", adjust="sidak")
confint(contrast(moy_var, method="eff",
adjust="sidak"))
# comparaisons à un témoin
contrast(moy_var, method="trt.vs.ctrl", ref=2)
confint(contrast(moy_var, method="trt.vs.ctrl",
ref=2))
# effets aléatoires
ranef(res.lmer)
# variance des moyennes et variance de l'interaction
Vmoy <- 0.5*mean(VMCj) # VMCj = vecteur des VMC par
expérimentation
Vmoy
var_intera <- summary(res.lmer)$sigma^2 - Vmoy
var_intera
```

Expérimentations avec variances hétérogènes

Introduction

Le modèle (4.1) utilisé pour l'analyse des données moyennes considère que les moyennes de toutes les expérimentations ont la même précision. En effet, dans l'analyse en deux étapes, une des hypothèses associée au modèle (4.1) est que les résidus du modèle sont de même variance. Or, nous rappelons que les résidus de ce modèle sont la somme d'un effet d'interaction entre le traitement i et l'expérimentation j, et une erreur d'estimation de la moyenne du traitement i dans l'expérimentation j due aux erreurs expérimentales. Si on fait l'hypothèse que les effets d'interaction traitement-expérimentation sont indépendants des erreurs d'estimations des moyennes, cela implique que l'on suppose également que la variance des erreurs d'estimations des moyennes est constante.

Dans le cas d'un réseau d'expérimentations en blocs aléatoires complets, les moyennes des traitements estimées au sein de différentes expérimentations auront la même précision entre expérimentations si la variance des erreurs expérimentales des données individuelles, σ_ε^2, est la même pour toutes les expérimentations, et si le nombre de blocs K est également le même pour toutes les expérimentations (en réalité, pour que la variance des moyennes soit constante, il suffit que le rapport $\dfrac{\sigma_\varepsilon^2}{K}$ soit constant).

L'hypothèse selon laquelle la variance des erreurs d'estimation des données moyennes est la même pour toutes les expérimentations du réseau n'est pas toujours réaliste. On peut en effet imaginer des situations où la variance des erreurs expérimentales des données individuelles, σ_ε^2, varie entre expérimentations. Ainsi, par exemple, on peut s'attendre à ce qu'une expérimentation au champ réalisée dans un sol profond conduise à des résultats plus précis qu'une expérimentation réalisée dans un sol superficiel *a priori* plus hétérogène. D'autre part, il est assez fréquent, dans un réseau d'expérimentations en blocs aléatoires complets, d'observer un nombre de blocs qui diffèrent d'une expérimentation à l'autre. Le modèle (4.1) suppose que les moyennes de toutes les expérimentations ont la même précision et, en conséquence, accorde un poids identique à chaque expérimentation. Or, si une expérimentation est moins précise que les autres, ou si elle comporte moins de répétitions, il faudrait lui accorder un poids plus faible que les autres dans le calcul des moyennes des traitements. Cette section considère l'analyse d'un réseau d'expérimentations sur données moyennes avec des moyennes dont la précision varie entre expérimentations.

Si, dans un réseau d'expérimentations en blocs aléatoires complets, le nombre de blocs K varie entre expérimentations, mais que la variance des erreurs expérimentales des données individuelles, σ_ε^2, est à peu près constante, le modèle (3.1) peut être utilisé pour l'analyse des données individuelles. En effet, un nombre de blocs variable entre expérimentations ne pose pas de problème dans le cas de l'analyse sur données individuelles avec le modèle mixte (3.1), car les effets des blocs, et donc le nombre de blocs par expérimentation, sont pris en compte explicitement par le modèle.

Exemple « blé »

Nous reprenons l'exemple « blé » présenté au chapitre 3 et nous l'analysons en deux étapes en considérant la variance des données moyennes connue lors de la seconde étape.

Analyse de l'exemple « blé » avec variances homogènes entre expérimentations

Dans un premier temps, afin de comparer les résultats avec ceux obtenus au chapitre 3, nous considérons les variances des moyennes identiques entre expérimentations.

Une estimation de la variance des données moyennes est obtenue avec la formule présentée dans la section « Cas d'un réseau d'expérimentations en blocs aléatoires complets » et que nous rappelons ici : $Vmoy = \dfrac{\sum_{j=1}^{J} \dfrac{MSE_j}{K_j}}{J}$. Dans le cas de l'exemple « blé » du chapitre 3, les estimations des variances résiduelles sont, respectivement pour les expérimentations 1 à 5 : 7,095, 5,658, 4,758, 7,273, 5,733. On obtient donc, le nombre de blocs par expérimentation étant constant et égal à trois : $Vmoy = \dfrac{(7,095 + 5,658 + 4,758 + 7,273 + 5,733)/3}{5} = 2,03447$.

```
# R version 3.4.3
# chargement des packages
library(metafor) # Version : 2.0-0
```

La librairie **metafor** permet d'ajuster un modèle mixte sur les données moyennes en supposant connue la matrice de variance-covariance des résidus du modèle, c'est-à-dire, dans le cas d'un réseau d'expérimentations, la matrice de variance-covariance des moyennes des traitements par expérimentation.

```
V1 <- diag(2.03447, nrow(DFmoy))
```

V1 est la matrice de variance-covariance des moyennes. On considère ici que *V1* une matrice scalaire telle que *V1* = 2,03447 *I*, où *I* est une matrice identité de dimension égale au nombre de moyennes analysées lors de la seconde étape de l'analyse en deux étapes, c'est-à-dire, dans le cas de l'exemple « blé », 50.

```
res_metafor <- rma.mv(rendement ~ -1 + variete, V1,
random=list(~ 1|experimentation, ~ 1|variete:experi-
mentation),rho=0, data=DFmoy)
```

La fonction **rma.mv** permet d'ajuster le modèle mixte. Le premier argument de la fonction décrit la partie fixe du modèle. Le « − 1 » supprime l'intercept du modèle, ce qui permet lorsqu'il y a un seul facteur fixe, ce qui est le cas ici, que les estimations des effets des modalités de ce facteur correspondent aux moyennes de ces modalités. Le deuxième argument permet de spécifier la matrice de variance-covariance des moyennes. L'argument **random** permet de décrire la partie aléatoire du modèle. On notera que la partie aléatoire du modèle contient l'interaction « `variete:experimentation` », contrairement au modèle (4.1). Il possible d'estimer directement la variance de l'interaction « `variete:experimentation` » car on suppose connue la matrice de variance-covariance des moyennes.

```
res_metafor$sigma2
```

L'objet **res_metafor** contient les résultats de l'ajustement du modèle mixte. La commande **res_metafor$sigma2** permet de récupérer la variance entre expérimentations, 79,0165. On notera que cette valeur est identique à celle de la figure 4.1 obtenue avec le modèle (4.1). Cette variance intègre donc la variance entre expérimentations et la variance entre blocs.

```
res_metafor$tau2
```

La commande **res_metafor$tau2** permet de récupérer la variance de l'interaction « `variete:experimentation` », 6,5261. On notera que cette valeur est identique à celle de la figure 3.1 obtenue avec le modèle (3.1).

```
res_metafor$b
```

La commande **res_metafor$b** permet de récupérer les effets des facteurs fixes. Dans notre cas, ces effets correspondent aux moyennes des variétés. La figure 4.3 reprend ces moyennes. On notera que ces moyennes sont identiques à celles de la figure 3.17 obtenues avec le modèle (3.1).

varieteV1	78.99116
varieteV10	76.60792
varieteV2	75.39573
varieteV3	81.25488
varieteV4	83.22452
varieteV5	81.37412
varieteV6	80.27567
varieteV7	81.74397
varieteV8	84.20846
varieteV9	79.98016

Figure 4.3. Moyennes des variétés obtenues avec variances des données moyennes homogènes.

```
# contraste
var1 <- c(1,0,0,0,0,0,0,0,0,0)
var10 <- c(0,1,0,0,0,0,0,0,0,0)
var1moinsvar10 <- var1 - var10
covb <- vcov(res_metafor)
theta <- res_metafor$b
estimate <- var1moinsvar10%*%theta
stderr.est <- sqrt(t(var1moinsvar10)%*%covb%*%var1moin-
svar10)
estimate
stderr.est
```

Des comparaisons particulières entre variétés peuvent être réalisées avec les commandes ci-dessus qui montrent la comparaison entre la variété V1 et la variété V10. L'estimation de la différence entre ces deux variétés est égale à 2,383233 et l'erreur standard de cette estimation est égale à 1,85047. Ces valeurs sont identiques à celles de la figure 4.1 obtenues avec le modèle (4.1).

Analyse de l'exemple « blé » avec variances hétérogènes entre expérimentations

Nous considérons maintenant que les variances des moyennes sont différentes entre expérimentations. Ces variances sont calculées au moyen de la formule (4.7), que nous rappelons ici : $Vmoy_j = 0{,}5\ VMC_j$. Dans le cas d'un réseau d'expérimentations en blocs aléatoires complets, $VMC_j = 2\dfrac{MSE_j}{K_j}$, où MSE_j et K_j sont, respectivement, l'estimation de la variance résiduelle et le nombre de blocs de l'expérimentation j. Dans le cas de l'exemple « blé » du chapitre 3, les estimations des variances résiduelles sont, respectivement pour les expérimentations 1 à 5 : 7,095, 5,658, 4,758, 7,273, 5,733. On obtient donc pour la variance des moyennes, le nombre de blocs par expérimentation étant constant et égal à trois, respectivement pour les expérimentations 1 à 5 : 2,365, 1,886, 1,586, 2,424, 1,911.

```
# R version 3.4.3
# chargement des packages
library(metafor) # Version : 2.0-0
Vmoyj <- c(2.365, 1.886, 1.586, 2.424, 1.911)
V2 <- diag(rep(Vmoyj, each=10)) # 10 = nombre de traitements
```

$V2$ est la matrice de variance-covariance des moyennes. On considère ici que $V2$ une matrice diagonale de dimension égale au nombre de moyennes analysées lors de la seconde étape de l'analyse en deux étapes, c'est-à-dire, dans le cas de l'exemple « blé », 50. Les valeurs de cette matrice diagonale sont données par le vecteur **Vmoyj** qui reprend les valeurs estimées des variances des moyennes par expérimentation.

varieteV1	79.05309
varieteV10	76.60438
varieteV2	75.45154
varieteV3	81.23428
varieteV4	83.23115
varieteV5	81.35333
varieteV6	80.29065
varieteV7	81.84678
varieteV8	84.13694
varieteV9	79.85983

Figure 4.4. Moyennes des variétés obtenues avec variances des données moyennes hétérogènes.

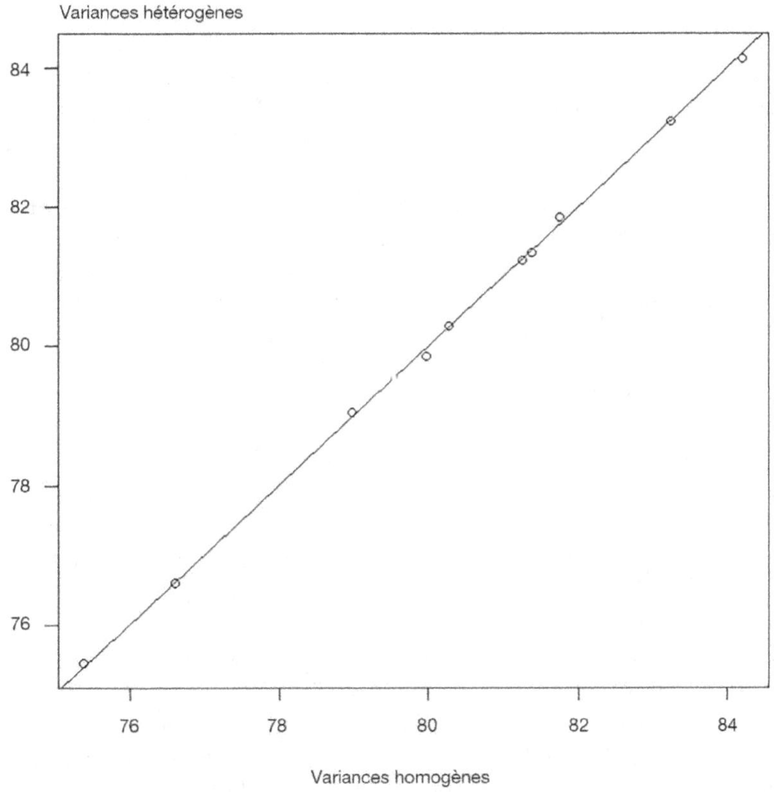

Figure 4.5. Comparaison des moyennes des variétés estimées avec un modèle avec variances homogènes et un modèle avec variances hétérogènes entre expérimentations. Chaque point correspond à une variété. La droite correspond à la première bissectrice.

```
res_metafor2 <- rma.mv(rendement ~ -1 + va-
riete, V2, random=list(~ 1|experimentation, ~
1|variete:experimentation), rho=0, data=DFmoy)
```

La fonction **rma.mv** permet d'ajuster le modèle mixte.

```
res_metafor2$b
```

La commande **res_metafor2$b** permet de récupérer les effets des facteurs fixes. Dans notre cas, ces effets correspondent aux moyennes des variétés. La figure 4.4 reprend ces moyennes et la figure 4.5 les compare aux moyennes obtenues avec le modèle qui considère une variance des moyennes identique entre expérimentations. On observe dans cet exemple peu de différences entre les deux séries de moyennes. L'utilisation de variances hétérogènes ne change pas, dans ce cas, les conclusions de l'analyse.

Pour aller plus loin

Matrice de variance-covariance des moyennes des traitements

Dans le cas d'un réseau d'expérimentations, d'une manière générale, la matrice de variance-covariance V des moyennes des traitements analysées à la seconde étape d'une analyse en deux étapes est une matrice bloc-diagonale (Möhring et Piepho, 2009). La diagonale de cette matrice est constituée d'autant de blocs qu'il y a d'expérimentations dans le réseau, chaque bloc étant la matrice de variance-covariance des moyennes des traitements de l'expérimentation correspondante. Hors diagonale, on retrouve des zéros, les erreurs expérimentales étant considérées indépendantes entre expérimentations. Différents modèles de matrice de variance-covariance des données moyennes peuvent être envisagés dans une analyse en deux étapes, lors de l'analyse des données moyennes à la seconde étape. Nous présentons ci-dessous trois modèles de matrice de variance-covariance, mais il est possible d'en considérer d'autres (Möhring et Piepho, 2009).

Matrice $R_{us.j}$

La forme la plus générale pour la matrice de variance-covariance des moyennes est une matrice bloc-diagonale de type $V = R_{us.j}$, où chaque bloc est une matrice R_{us}, où R_{us} est une matrice de variance-covariance quelconque. Une représentation de ce type de matrice de variance-covariance est donnée dans la figure 4.6 dans le cas d'un réseau de quatre expérimentations comportant trois traitements.

Ce type de modèle de matrice de variance-covariance est adapté, notamment, lorsque les expérimentations individuelles sont analysées avec un modèle d'analyse spatiale ou un modèle d'analyse de la covariance (Gilmour, 2000 ; Kempton et Fox, 1997). En effet, dans ces situations, l'analyse des expérimentations individuelles conduit à des estimateurs des moyennes des traitements qui ne sont pas forcément indépendants et de même variance.

$$
\begin{bmatrix}
\sigma^2_{1.1} & \sigma_{21.1} & \sigma_{31.1} & 0 & 0 & 0 & 0 & 0 & 0 & 0 & 0 & 0 \\
\sigma_{21.1} & \sigma^2_{2.1} & \sigma_{32.1} & 0 & 0 & 0 & 0 & 0 & 0 & 0 & 0 & 0 \\
\sigma_{31.1} & \sigma_{32.1} & \sigma^2_{3.1} & 0 & 0 & 0 & 0 & 0 & 0 & 0 & 0 & 0 \\
0 & 0 & 0 & \sigma^2_{1.2} & \sigma_{21.2} & \sigma_{31.2} & 0 & 0 & 0 & 0 & 0 & 0 \\
0 & 0 & 0 & \sigma_{21.2} & \sigma^2_{2.2} & \sigma_{32.2} & 0 & 0 & 0 & 0 & 0 & 0 \\
0 & 0 & 0 & \sigma_{31.2} & \sigma_{32.2} & \sigma^2_{3.2} & 0 & 0 & 0 & 0 & 0 & 0 \\
0 & 0 & 0 & 0 & 0 & 0 & \sigma^2_{1.3} & \sigma_{21.3} & \sigma_{31.3} & 0 & 0 & 0 \\
0 & 0 & 0 & 0 & 0 & 0 & \sigma_{21.3} & \sigma^2_{2.3} & \sigma_{32.3} & 0 & 0 & 0 \\
0 & 0 & 0 & 0 & 0 & 0 & \sigma_{31.3} & \sigma_{32.3} & \sigma^2_{3.3} & 0 & 0 & 0 \\
0 & 0 & 0 & 0 & 0 & 0 & 0 & 0 & 0 & \sigma^2_{1.4} & \sigma_{21.4} & \sigma_{31.4} \\
0 & 0 & 0 & 0 & 0 & 0 & 0 & 0 & 0 & \sigma_{21.4} & \sigma^2_{2.4} & \sigma_{32.4} \\
0 & 0 & 0 & 0 & 0 & 0 & 0 & 0 & 0 & \sigma_{31.4} & \sigma_{32.4} & \sigma^2_{3.4}
\end{bmatrix}
$$

Figure 4.6. Exemple de matrice de variance-covariance bloc-diagonale de type $R_{us.j}$. Les rectangles correspondent aux différentes expérimentations.

Matrice $R_{id.j}$

Un deuxième modèle de matrice de variance-covariance est une matrice bloc-diagonale de type $R_{id.j}$, où chaque bloc est une matrice $R_j = 0,5\ VMC_j\ I$, où I est une matrice identité dont la dimension est égale au nombre de traitements, et VMC_j est la variance moyenne des comparaisons deux à deux des traitements pour l'expérimentation j. Une représentation de ce type de matrice de variance-covariance est donnée dans la figure 4.7 dans le cas d'un réseau de quatre expérimentations comportant trois traitements.

Une matrice de type $R_{id.j}$ est adaptée dans le cas d'un réseau d'expérimentations en blocs aléatoires complets analysées avec le modèle (4.2), et dont la variance des erreurs expérimentales des données individuelles, et/ou le nombre de blocs, seraient différents entre expérimentations. Dans ce cas, en effet, ce type de matrice de variance-covariance conduit à calculer de manière exacte les comparaisons entre traitements (Möhring et Piepho, 2009). C'est ce modèle de matrice de variance-covariance qui est utilisé dans la section « Analyse de l'exemple "blé" avec variances hétérogènes entre expérimentations » pour l'analyse de l'exemple « blé ».

Matrice R_{id}

Un troisième exemple de matrice de variance-covariance est une matrice de type R_{id}, avec $R_{id} = 0,5\overline{VMC_J}I$, où I est une matrice identité dont la dimension est égale au nombre de traitements multiplié par le nombre d'expérimentations, et $\overline{VMC_J}$ est la moyenne sur l'ensemble des expérimentations des variances moyennes des comparaisons deux à deux des traitements de chaque expérimentation j. Une représentation de ce type de matrice de variance-covariance est donnée dans la figure 4.8 dans le cas d'un réseau de quatre expérimentations comportant trois traitements.

$$
\begin{bmatrix}
\sigma_1^2 & 0 & 0 & 0 & 0 & 0 & 0 & 0 & 0 & 0 & 0 & 0 \\
0 & \sigma_1^2 & 0 & 0 & 0 & 0 & 0 & 0 & 0 & 0 & 0 & 0 \\
0 & 0 & \sigma_1^2 & 0 & 0 & 0 & 0 & 0 & 0 & 0 & 0 & 0 \\
0 & 0 & 0 & \sigma_2^2 & 0 & 0 & 0 & 0 & 0 & 0 & 0 & 0 \\
0 & 0 & 0 & 0 & \sigma_2^2 & 0 & 0 & 0 & 0 & 0 & 0 & 0 \\
0 & 0 & 0 & 0 & 0 & \sigma_2^2 & 0 & 0 & 0 & 0 & 0 & 0 \\
0 & 0 & 0 & 0 & 0 & 0 & \sigma_3^2 & 0 & 0 & 0 & 0 & 0 \\
0 & 0 & 0 & 0 & 0 & 0 & 0 & \sigma_3^2 & 0 & 0 & 0 & 0 \\
0 & 0 & 0 & 0 & 0 & 0 & 0 & 0 & \sigma_3^2 & 0 & 0 & 0 \\
0 & 0 & 0 & 0 & 0 & 0 & 0 & 0 & 0 & \sigma_4^2 & 0 & 0 \\
0 & 0 & 0 & 0 & 0 & 0 & 0 & 0 & 0 & 0 & \sigma_4^2 & 0 \\
0 & 0 & 0 & 0 & 0 & 0 & 0 & 0 & 0 & 0 & 0 & \sigma_4^2
\end{bmatrix}
$$

Figure 4.7. Exemple de matrice de variance-covariance bloc-diagonale dans le cas de variances expérimentales différentes par expérimentation. Les rectangles correspondent aux différentes expérimentations.

$$
\frac{\overline{VMC_J}}{2}
\begin{bmatrix}
1 & 0 & 0 & 0 & 0 & 0 & 0 & 0 & 0 & 0 & 0 & 0 \\
0 & 1 & 0 & 0 & 0 & 0 & 0 & 0 & 0 & 0 & 0 & 0 \\
0 & 0 & 1 & 0 & 0 & 0 & 0 & 0 & 0 & 0 & 0 & 0 \\
0 & 0 & 0 & 1 & 0 & 0 & 0 & 0 & 0 & 0 & 0 & 0 \\
0 & 0 & 0 & 0 & 1 & 0 & 0 & 0 & 0 & 0 & 0 & 0 \\
0 & 0 & 0 & 0 & 0 & 1 & 0 & 0 & 0 & 0 & 0 & 0 \\
0 & 0 & 0 & 0 & 0 & 0 & 1 & 0 & 0 & 0 & 0 & 0 \\
0 & 0 & 0 & 0 & 0 & 0 & 0 & 1 & 0 & 0 & 0 & 0 \\
0 & 0 & 0 & 0 & 0 & 0 & 0 & 0 & 1 & 0 & 0 & 0 \\
0 & 0 & 0 & 0 & 0 & 0 & 0 & 0 & 0 & 1 & 0 & 0 \\
0 & 0 & 0 & 0 & 0 & 0 & 0 & 0 & 0 & 0 & 1 & 0 \\
0 & 0 & 0 & 0 & 0 & 0 & 0 & 0 & 0 & 0 & 0 & 1
\end{bmatrix}
$$

Figure 4.8. Exemple de matrice de variance-covariance bloc-diagonale de type R_{id}. Les rectangles correspondent aux différentes expérimentations.

Ce type de matrice est celui supposé dans le modèle (4.1) qui fait l'hypothèse que la variance des erreurs expérimentales associées aux données moyennes est la même pour toutes les expérimentations du réseau. Ce type de modèle est adapté dans le cas d'un réseau d'expérimentations en blocs aléatoires complets analysées avec le modèle (4.2), et dont la variance des erreurs expérimentales des données individuelles, σ_ε^2, est la même pour toutes les expérimentations, et le nombre de répétitions, K, est également le même pour toutes les expérimentations. Dans ce cas, ce type de matrice de variance-covariance conduit à calculer de manière exacte les comparaisons entre traitements. C'est ce modèle de matrice de variance-covariance qui est utilisé dans la section « Analyse de l'exemple "blé" avec variances homogènes entre expérimentations » pour l'analyse de l'exemple « blé ».

Choix d'une matrice de variance-covariance des moyennes des traitements

Le modèle mixte permet de prendre en compte dans l'analyse des données moyennes en deux étapes la matrice de variance-covariance des moyennes.

Le choix d'un modèle de matrice de variance-covariance pour les moyennes analysées à la seconde étape de l'analyse d'un réseau d'expérimentations dépend des dispositifs expérimentaux et de la méthode d'analyse utilisée pour analyser les résultats des expérimentations individuelles.

Cependant, dans le cas où la matrice de variance-covariance des moyennes qui devrait en théorie être utilisée est une matrice de type $R_{us.j}$, l'analyse du réseau d'expérimentations en deux étapes se trouve peu simplifiée par rapport à une analyse en une seule étape, et il est fréquent d'utiliser un modèle plus simple de matrice de variance-covariance en vue de faciliter les calculs, comme les matrices $R_{id.j}$ ou R_{id}. De plus amples informations à ce sujet peuvent être trouvées dans Möhring et Piepho (2009).

Matrice de variance-covariance des effets aléatoires

Il est possible de considérer différents types de matrices de variance-covariance des effets aléatoires autres que les erreurs résiduelles : effets « environnement », effets d'interaction « environnement-facteurs étudiés ». Ainsi, par exemple, certains auteurs proposent d'utiliser pour l'analyse de réseaux d'expérimentations variétaux un modèle considérant une variance d'interaction variété-expérimentation non constante et fonction de covariables (Frensham *et al.*, 1997).

Données manquantes

Il arrive fréquemment qu'un réseau d'expérimentations soit incomplet, c'est-à-dire que tous les traitements ne soient pas observés dans toutes les expérimentations. Ainsi, par exemple, dans le cas d'un réseau pluriannuel d'évaluation de variétés de blé, les listes variétales testées diffèrent d'une année à l'autre parce que de nouvelles variétés apparaissent chaque année. Il en résulte un tableau de données incomplet présentant un certain nombre de données manquantes. Dans ce cas, la comparaison des traitements étudiés est plus compliquée. En effet, lorsque deux traitements sont testés dans la même expérimentation, il est possible de comparer directement leur effet. Par contre, pour comparer deux traitements présents dans deux expérimentations différentes, il faudra procéder de manière indirecte en les comparant à d'autres traitements présents dans les deux expérimentations. En pratique, la comparaison entre deux traitements peut combiner comparaison directe et comparaison indirecte. L'analyse d'un tableau de données incomplet conduit au calcul de moyennes ajustées. Il faudra cependant, avant la réalisation de l'analyse des données, être attentif à l'origine des données manquantes.

Origine des données manquantes

Il est possible de distinguer les trois schémas suivants concernant l'origine des données manquantes :

– MCAR (*missing completly at random*) : les données manquantes sont complètement indépendantes des valeurs observées ou manquantes. Les données manquantes sont un échantillon aléatoire de l'ensemble des données ;

– MAR (*missing at random*) : les données manquantes sont fonction des valeurs observées mais pas des valeurs manquantes. Conditionnellement aux valeurs observées, les données manquantes sont aléatoires ;

– MNAR (*missing not at random*) : les données manquantes sont fonction des valeurs manquantes. Les valeurs des données non observées sont la cause des données manquantes.

Ces différentes situations peuvent être illustrées en prenant comme exemple un réseau d'expérimentations d'évaluation de variétés de blé :

– dans le premier cas, une liste de n variétés est testée dans p lieux différents. Pour des raisons accidentelles, les semences d'une ou plusieurs variétés n'ont pu être livrées à temps dans certains lieux. Les données manquantes qui en résultent correspondent au schéma MCAR, car on peut faire l'hypothèse que les données manquantes sont indépendantes de la variété et du lieu ;

– le deuxième cas considère un réseau pluriannuel. Chaque année, les 50 % des variétés donnant les meilleurs résultats sont testés une année supplémentaire. Les variétés non retenues sont remplacées par de nouvelles variétés. Les moins bonnes variétés sont rapidement sorties du réseau, alors que les meilleures sont testées plus longtemps pour pouvoir confirmer les bons résultats obtenus les premières années. Les données manquantes qui en résultent correspondent au schéma MAR, car les données manquantes sont fonction des valeurs observées mais pas des valeurs manquantes (non observées) ;

– dans le troisième cas, des variétés sont testées dans p lieux répartis sur l'ensemble de la France. Certaines variétés sont testées dans l'ensemble des lieux, certaines uniquement dans le Nord, et d'autres uniquement dans le Sud. Les variétés testées uniquement dans le Nord sont les variétés les plus tardives qui se comportent en moyenne moins bien dans le Sud, les variétés les plus précoces sont testées uniquement dans le Sud parce qu'il est connu qu'elles se comportent en moyenne moins bien dans le Nord, et les variétés testées sur l'ensemble du territoire se comportent bien, en moyenne, quelle que soit la région. Les données manquantes qui résultent de ce schéma sont MNAR, car les données manquantes sont fonction des valeurs manquantes (non observées).

L'analyse des données d'un réseau d'expérimentations se fait classiquement au moyen d'un modèle mixte, et l'estimation des paramètres d'un modèle mixte se fait généralement au moyen d'une méthode appelée le maximum de vraisemblance restreint, en abrégé REML (*REstricted Maximum Likelihood*) (Pinheiro et Bates, 2000). Il a été démontré que l'inférence réalisée avec la méthode REML est valide dans le cas de données manquantes MCAR et MAR (Piepho et Möhring, 2006). Les données manquantes MNAR posent plus de difficultés car dans ce cas, les données manquantes sont dites « informatives », et elles nécessitent un traitement particulier qui implique de modéliser le mécanisme à l'origine des données manquantes.

Moyennes ajustées

Dans le cas de réseaux incomplets, la comparaison des traitements ne peut se faire sur la base des moyennes observées. En effet, tous les traitements n'étant pas observés dans les mêmes expérimentations, les différences observées entre traitements peuvent être confondues avec des différences entre expérimentations. La comparaison des traitements nécessite d'ajuster les moyennes des traitements des effets des expérimentations dans lesquelles ils ont été observés.

Le calcul des moyennes ajustées est illustré à partir d'un exemple simple comportant 5 traitements et 3 expérimentations, et pour lequel on dispose des moyennes des traitements par expérimentation. Les données de cet exemple se trouvent dans le tableau 4.2.

Tableau 4.2. Exemple de tableau de données incomplet.

	e_1	e_2	e_3
t_1	72	86	85
t_2	79	87	86
t_3	82	–	90
t_4	–	80	85
t_5	76	82	–

Les données sont représentées de façon symbolique par y_{ij}, où y est la variable observée, l'indice i correspond au traitement, et l'indice j correspond à l'expérimentation. Les données de l'exemple représentées de cette façon sont reprises dans le tableau 4.3.

Tableau 4.3. Représentation symbolique des données de l'exemple.

	e_1	e_2	e_3
t_1	y_{11}	y_{12}	y_{13}
t_2	y_{21}	y_{22}	y_{23}
t_3	y_{31}	–	y_{33}
t_4	–	y_{42}	y_{43}
t_5	y_{51}	y_{52}	–

Dans le cas d'un réseau d'expérimentations complet, l'analyse des données moyennes conduit à des estimations des moyennes des traitements et des variances des comparaisons entre traitements identiques avec un modèle fixe ou un modèle mixte (voir section « Une variante : analyse des données moyennes avec un modèle fixe »). Par contre, il n'en est pas de même dans le cas d'un réseau incomplet. Dans le cas d'un réseau incomplet, le calcul des moyennes ajustées se fait en effet différemment avec un modèle fixe ou un modèle mixte qui suppose le facteur « expérimentation » aléatoire, et la variance des comparaisons entre traitements est également généralement différente. Les estimations des moyennes des traitements par le modèle mixte sont généralement plus précises que celles réalisées avec un modèle fixe, car le modèle mixte permet d'extraire plus d'information des données que le modèle fixe.

Même si l'analyse d'un réseau d'expérimentations se fait normalement au moyen d'un modèle mixte, nous présentons d'abord, dans un but pédagogique, le calcul des moyennes ajustées avec le modèle fixe.

Modèle fixe

Le calcul des moyennes ajustées est basé sur le modèle (4.6) que nous rappelons ici, en omettant toutefois les « * » pour ne pas alourdir les notations :

$$y_{ij} = \mu + t_i + e_j + \varepsilon_{ij}$$

où y_{ij} est la moyenne de la grandeur d'intérêt du traitement i ($i = 1, ..., 5$) dans l'expérimentation j ($j = 1, ..., 3$), et μ, t_i, e_j, ε_{ij} sont, respectivement, la moyenne générale, l'effet du traitement i, l'effet de l'expérimentation j et le résidu associé à y_{ij}.

Les effets t_i et e_j sont fixes, et seuls les résidus ε_{ij} sont aléatoires. Les résidus ε_{ij} sont supposés être distribués suivant une loi normale de moyenne nulle et de variance égale à σ_ε^2. Ils sont également supposés indépendants les uns des autres.

Les paramètres du modèle sont estimés par la méthode des moindres carrés ordinaires qui consiste à retenir comme estimations pour les paramètres inconnus les valeurs qui minimisent la somme des carrés de résidus. Les moyennes ajustées sont ensuite calculées au moyen du modèle. Ainsi, par exemple, la moyenne théorique du traitement t_3, μ_3, est définie par :

$$\mu_3 = \frac{\left(\mu + t_3 + e_1\right) + \left(\mu + t_3 + e_2\right) + \left(\mu + t_3 + e_3\right)}{3}$$

Et dans le cas de l'exemple, en remplaçant par les valeurs estimées des paramètres, on obtient :

$$\widehat{\mu}_3 = \frac{\left(82,5 + 4,71 - 6\right) + \left(82,5 + 4,71 + 2,43\right) + \left(82,5 + 4,71 + 3,57\right)}{3} = 87,2$$

On constate que le calcul de la moyenne ajustée pour le traitement t_3 revient à estimer la valeur de ce traitement dans toutes les expérimentations et à calculer ensuite la moyenne arithmétique de ces estimations. La moyenne ajustée pour le

Tableau 4.4. Moyennes ajustées.

Traitement	Moyenne ajustée
t_1	81,00
t_2	84,00
t_3	87,21
t_4	79,50
t_5	80,79

traitement t_3 est donc la moyenne de ce traitement « comme si » il était observé dans toutes les expérimentations.

Les moyennes ajustées des cinq traitements, obtenues comme illustré ci-dessus, sont présentées dans le tableau 4.4.

On peut vérifier que pour les traitements t_1 et t_2, qui sont observés dans toutes les expérimentations, les moyennes ajustées sont identiques aux moyennes brutes.

Comparaisons entre traitements

Lorsque l'on cherche à comparer deux traitements, ce qui est l'objectif principal d'un réseau d'expérimentations, l'estimation de la différence entre les deux traitements combine une comparaison directe et une comparaison indirecte. Ainsi, par exemple, dans le cas des traitements t_3 et t_4, il est possible d'estimer l'écart entre les deux traitements en réalisant une comparaison directe dans l'expérimentation e_3 :

$$\delta_{directe} = y_{33} - y_{43}$$

En remplaçant les données par leur expression dans le modèle, on obtient :

$$\delta_{directe} = \mu + t_3 + e_3 + \varepsilon_{33} - \mu - t_4 - e_3 - \varepsilon_{43} = t_3 - t_4 + \varepsilon_{33} - \varepsilon_{43}$$

Cette comparaison n'est pas confondue avec un effet expérimentation, et sa variance est égale à $2\sigma_\varepsilon^2$.

Il est également possible de comparer t_3 et t_4 de manière indirecte, par exemple, en comparant la différence entre t_3 et t_2 dans l'expérimentation e_1 à la différence entre t_4 et t_2 dans l'expérimentation e_2 :

$$\delta^1_{indirecte} = (y_{31} - y_{21}) - (y_{42} - y_{22})$$

En remplaçant les données par leur expression dans le modèle, on obtient :

$$\delta^1_{indirecte} = \mu + t_3 + e_1 + \varepsilon_{31} - \mu - t_2 - e_1 - \varepsilon_{21} - \mu - t_4 - e_2 - \varepsilon_{42} + \mu + t_2 + e_2 + \varepsilon_{22}$$
$$= t_3 - t_4 + \varepsilon_{31} - \varepsilon_{21} - \varepsilon_{42} + \varepsilon_{22}$$

Dans ce cas également, cette comparaison n'est pas confondue avec un effet expérimentation.

Mais on aurait pu faire d'autres comparaisons indirectes, en comparant la différence entre t_3 et t_1 dans l'expérimentation e_1 à la différence entre t_4 et t_1 dans l'expérimentation e_2, ou encore en comparant la différence entre t_3 et t_5 dans l'expérimentation e_1 à la différence entre t_4 et t_5 dans l'expérimentation e_2. Il est également possible de faire une seule comparaison indirecte par rapport à la moyenne des traitements t_1, t_2 et t_5 :

$$\delta_{indirecte} = \left(y_{31} - \frac{y_{11} + y_{21} + y_{51}}{3} \right) - \left(y_{42} - \frac{y_{12} + y_{22} + y_{52}}{3} \right)$$

En remplaçant les données par leur expression dans le modèle, on obtient :

$$\delta_{indirecte} = t_3 - t_4 + \varepsilon_{31} - \varepsilon_{42} - \frac{\varepsilon_{11} + \varepsilon_{21} + \varepsilon_{51}}{3} + \frac{\varepsilon_{12} + \varepsilon_{22} + \varepsilon_{52}}{3}$$

On constate toujours que cette comparaison n'est pas confondue avec un effet expérimentation. La variance de l'estimateur $\delta_{indirecte}$ est égale à $2\sigma_\varepsilon^2 + \frac{6}{9}\sigma_\varepsilon^2 = \frac{24}{9}\sigma_\varepsilon^2$.

Il est possible de combiner les comparaisons directe et indirecte en un seul estimateur, appelé « estimateur intra » car il n'utilise que des comparaisons intra-expérimentation :

$$\delta_{intra} = \theta_1 \underbrace{\left(y_{33} - y_{43}\right)}_{\text{Comparaison directe}} + \theta_2 \underbrace{\left(y_{31} - y_{42} - \frac{y_{11} + y_{21} + y_{51}}{3} + \frac{y_{12} + y_{22} + y_{52}}{3}\right)}_{\text{Comparaison indirecte}}$$

δ_{intra} étant une combinaison linéaire des observations, on peut facilement calculer sa variance à partir du modèle. On cherche ensuite les valeurs de θ_1 et θ_2 qui minimisent la variance de δ_{intra}, avec comme condition de non-biais la contrainte $\theta_1 + \theta_2 = 1$. Il s'agit d'un problème d'optimisation sous contrainte qui peut être résolu par la méthode des multiplicateurs de Lagrange. Dans le cas de l'exemple, on obtient pour les valeurs de θ_1 et θ_2, respectivement, 0,5714 et 0,4286. En remplaçant dans l'expression ci-dessus par les valeurs numériques correspondantes, on obtient pour δ_{intra} la valeur de 7,71, ce qui correspond à la différence entre les moyennes ajustées des traitements 3 et 4 présentées dans le tableau 4.4.

La notion de comparaisons indirectes est donc équivalente à la notion de moyennes ajustées obtenue par la méthode des moindres carrés ordinaires (Kempton et Fox, 1997).

À partir du modèle statistique utilisé pour l'analyse, il est possible de calculer la variance de l'estimateur δ_{intra}, $var_{\delta_{intra}}$. Dans le cas de l'exemple, la variance de la différence entre t_3 et t_4 est égale à : $var_{\delta_{intra}} = 7,13$.

Modèle mixte

Le calcul des moyennes ajustées est cette fois basé sur le modèle statistique mixte (4.1), en omettant toutefois les « * » pour ne pas alourdir les notations :

$$y_{ij} = \mu + t_i + E_j + \varepsilon_{ij}$$

où y_{ij} est la moyenne de la grandeur d'intérêt du traitement i ($i = 1, \ldots, 5$) dans l'expérimentation j ($j = 1, \ldots, 3$), et μ, t_i, E_j, ε_{ij} sont, respectivement, la moyenne générale, l'effet du traitement i, l'effet de l'expérimentation j et le résidu associé à y_{ij}.

Les expérimentations observées sont supposées être un échantillon aléatoire d'une population d'expérimentations possibles. Cela implique que les E_j sont considérés aléatoires.

Les effets aléatoires E_j et ε_{ij} sont supposés être distribués suivant une loi normale de moyenne nulle et de variance égale à, respectivement, σ_E^2 et σ_ε^2. De plus, les différents effets aléatoires sont supposés indépendants les uns des autres.

Les paramètres du modèle sont estimés par la méthode REML (maximum de vraisemblance restreint). Les moyennes ajustées sont ensuite calculées à partir du modèle, comme dans le cas du modèle fixe.

Comparaisons entre traitements

La comparaison entre deux traitements repose sur un estimateur intra qui combine comparaison directe et comparaison indirecte, comme pour le modèle fixe. Mais, en plus de cet estimateur intra, le modèle mixte utilise également un estimateur appelé « inter », qui se base sur la différence entre les totaux de la variable y des expérimentations dans lesquelles on observe les traitements qui sont comparés. Ces totaux contiennent de l'information sur la différence entre les traitements, et cette information est récupérée lors de l'analyse avec le modèle mixte.

Ainsi, par exemple, dans le cas des traitements t_3 et t_4, l'estimateur inter est donné par :

$$\delta_{inter} = (y_{11} + y_{21} + y_{31} + y_{51}) - (y_{12} + y_{22} + y_{42} + y_{52}),$$

dont l'expression par le modèle est :

$$\delta_{inter} = (\mu + t_1 + E_1 + \varepsilon_{11} + \mu + t_2 + E_1 + \varepsilon_{21} + \mu + t_3 + E_1 + \varepsilon_{31} + \mu + t_5 + E_1 + \varepsilon_{51})$$
$$- (\mu + t_1 + E_2 + \varepsilon_{12} + \mu + t_2 + E_2 + \varepsilon_{22} + \mu + t_4 + E_2 + \varepsilon_{42} + \mu + t_5 + E_2 + \varepsilon_{52}) =$$
$$t_3 - t_4 + (4E_1 + \varepsilon_{11} + \varepsilon_{21} + \varepsilon_{31} + \varepsilon_{51}) - (4E_2 + \varepsilon_{12} + \varepsilon_{22} + \varepsilon_{42} + \varepsilon_{52})$$

Cette comparaison comporte des effets « expérimentation », mais dans le cadre du modèle mixte, ces effets sont considérés aléatoires et ils contribuent à la variance de l'estimateur. La variance de δ_{inter} est égale à $var_{\delta_{inter}} = 32\sigma_E^2 + 8\sigma_\varepsilon^2$. Dans le cas de l'exemple, on obtient : $var_{\delta_{inter}} = 32 \times 25,54 + 8 \times 6,25 = 867,28$.

On peut combiner l'estimateur intra et l'estimateur inter pour obtenir un estimateur de variance minimum. Cet estimateur, appelé δ_{combin}, est une moyenne des estimateurs δ_{intra} et δ_{inter} pondérée par leurs précisions respectives (Kempton et Fox, 1997) :

$$\delta_{combin} = \gamma_1 \delta_{intra} + \gamma_2 \delta_{inter}$$

$$\text{avec } \gamma_1 = \frac{1/var_{\delta_{intra}}}{\dfrac{1}{var_{\delta_{intra}}} + \dfrac{1}{var_{\delta_{inter}}}} \text{ et } \gamma_2 = \frac{1/var_{\delta_{inter}}}{\dfrac{1}{var_{\delta_{intra}}} + \dfrac{1}{var_{\delta_{inter}}}}$$

Dans le cas de l'exemple, on obtient :

$$\gamma_1 = \frac{1/7,13}{\dfrac{1}{7,13} + \dfrac{1}{867,3}} = 0,9918 \text{ et } \gamma_2 = \frac{1/867,3}{\dfrac{1}{7,13} + \dfrac{1}{867,3}} = 0,0082 .$$

On constate donc que, pour cet exemple, l'essentiel de l'information provient de la comparaison intra.

À partir du modèle statistique utilisé pour l'analyse, il est également possible de calculer la précision de l'estimateur combiné. Dans le cas de l'exemple, la variance de la différence entre t_3 et t_4 estimée par le modèle mixte est égale à :

$$var_{\delta_{combin}} = 7,08 .$$

L'estimation par le modèle mixte est donc, dans ce cas, légèrement plus précise que celle du modèle fixe.

L'estimation de la différence entre deux traitements a été présentée comme deux opérations différentes, avec la prise en compte de l'information intra-environnement avec l'estimateur δ_{intra} d'une part, et la prise en compte de l'information interenvironnement avec l'estimateur δ_{inter} d'autre part. Les deux sources d'information ont ensuite été combinées. En pratique, l'estimation des effets des traitements se fait en une seule procédure avec la méthode du maximum de vraisemblance restreint, REML.

Lorsque le nombre d'expérimentations est suffisamment élevé (minimum 5 à 10), il est recommandé d'utiliser le modèle mixte pour le calcul des moyennes ajustées, qui seront généralement plus précises que celles estimées avec un modèle fixe.

Les facteurs lieu et année

Objectif

Dans un réseau pluriannuel, les expérimentations réalisées la même année peuvent partager une caractéristique commune qui est l'effet de cette année. Dans un réseau d'évaluation de variétés, si l'année est relativement sèche et que les cultures souffrent d'un déficit hydrique important, l'ensemble des expérimentations réalisées cette année-là auront tendance à avoir un rendement inférieur à la moyenne générale.

De la même façon, dans un réseau multilocal, les expérimentations réalisées dans le même lieu partagent une caractéristique commune qui est l'effet de ce lieu.

Dans un réseau multilocal et pluriannuel analysé avec le modèle (4.1), la variabilité entre environnements est décrite par le seul facteur « expérimentation », et les effets des différentes expérimentations sont supposés indépendants. Or, cette hypothèse d'indépendance n'est pas toujours réaliste, car les effets des expérimentations réalisées la même année ou dans le même lieu auront tendance à se ressembler davantage que les effets des expérimentations réalisées des années différentes ou dans des lieux différents.

Cette section présente l'analyse d'un réseau multilocal et pluriannuel au moyen d'un modèle prenant en compte les facteurs lieu et année. Ce modèle correspond à une extension du modèle (4.1). Nous considérons uniquement l'analyse des données moyennes des traitements par expérimentation, c'est-à-dire l'étape 2 dans une analyse en deux étapes.

Exemple « blé_pluri »

Chaque année, une trentaine de variétés de blé tendre d'hiver est inscrite en France. Arvalis-Institut du végétal évalue la valeur agronomique et technologique de ces variétés dans des expérimentations au champ, dans un but de préconisation.

Chaque variété est testée généralement 2 ans, parfois seulement 1 an pour les variétés les moins performantes, parfois plus de 2 ans pour les meilleures. Certaines variétés témoins sont également suivies sur une plus longue période. Les variétés ne sont observées qu'un nombre limité d'années afin de laisser de la place dans les expérimentations pour évaluer les variétés nouvellement inscrites. Dans ce type de réseau d'expérimentation, toutes les variétés ne sont donc pas présentes dans toutes les expérimentations.

Le jeu de données reprend les résultats de 80 variétés et 113 expérimentations. Les expérimentations sont réalisées sur une période de 6 années et sont réparties sur 54 lieux différents. Sur la période couverte par le jeu de données, il y a donc, en moyenne, environ deux expérimentations par lieu, et un peu moins de vingt expérimentations par année.

Pour chaque variété dans chaque expérimentation, le tableau de données reprend la moyenne ajustée de la variété obtenue après analyse des données de l'expérimentation. Le tableau de données reprend également le nom de la variété, le nom de l'expérimentation, le nom du lieu, l'année, et la variance des données moyennes par expérimentation calculée suivant la formule (4.7).

Le nombre total d'observations est égal à 1 942. Si toutes les variétés étaient présentes dans toutes les expérimentations, le jeu de données comporterait $80 \times 113 = 9\ 040$ observations. La proportion de cellules remplies dans ce jeu de données est donc égale à $1\ 942/9\ 040 = 0{,}21$. Le tableau 4.5 montre les premières lignes du jeu de données.

Les données manquantes dans ce jeu de données correspondent au schéma MAR (*missing at random*), car les données manquantes sont fonction des valeurs observées mais pas des valeurs manquantes (non observées). L'analyse des données au moyen d'un modèle mixte ne pose donc pas de problème (Piepho et Möhring, 2006).

Tableau 4.5. Extrait du jeu de données de l'exemple « blé_pluri ».

rendement	variete	experimentation	lieu	annee	Vmoyj
87,8	V4	OBERNAI_2005	OBERNAI	2005	5.14
99,3	V8	OBERNAI_2005	OBERNAI	2005	5.14
94,6	V13	OBERNAI_2005	OBERNAI	2005	5.14
93,1	V17	OBERNAI_2005	OBERNAI	2005	5.14
90,2	V19	OBERNAI_2005	OBERNAI	2005	5.14
...	...	...	...	...	...

Modèle pour l'analyse des données moyennes

Les facteurs « année » et « lieu » sont des facteurs croisés et la variabilité entre expérimentations est décrite comme la somme d'un effet de l'année, du lieu, et de l'interaction entre l'année et le lieu (Dagnelie, 1998).

Dans le modèle (4.1), les effets d'interaction entre les variétés et les expérimentations sont complètement confondus avec les erreurs expérimentales. Dans le modèle qui décompose l'effet d'une expérimentation en fonction de l'année et du lieu, il est possible de décomposer également l'interaction variété-expérimentation en la somme d'une interaction variété-année, une interaction variété-lieu et une interaction variété-année-lieu. Dans ce cas, seule l'interaction variété-année-lieu est confondue avec l'erreur expérimentale.

Ce modèle permet donc de décrire une partie de la variabilité entre expérimentations, ainsi que l'interaction variété-expérimentation, au moyen des facteurs année et lieu.

Le modèle utilisé pour analyser les données est le suivant :

$$y_{irs} = \mu + t_i + A_r + L_s + AL_{rs} + tA_{ir} + tL_{is} + \varepsilon_{irs}^* \tag{4.10}$$

où y_{irs} est la valeur moyenne du traitement i ($i = 1, \ldots, I$), l'année r ($r = 1, \ldots, R$) dans le lieu s ($s = 1, \ldots, S$), et μ, t_i, A_r, L_s, AL_{rs}, tA_{ir}, tL_{is}, ε_{irs}^* sont, respectivement, la moyenne générale, l'effet du traitement i, l'effet de l'année r, l'effet du lieu s, l'effet de l'interaction entre l'année r et le lieu s, l'effet de l'interaction entre le traitement i et l'année r, l'effet de l'interaction entre le traitement i et le lieu s, et le résidu associé à y_{irs}. Ce résidu comprend à la fois l'erreur expérimentale et un effet d'interaction traitement-année-lieu.

Les lieux observés sont supposés être un échantillon aléatoire d'une population de lieux possibles. Les années également sont supposées être un échantillon aléatoire d'une population d'années possibles, même si, en pratique, les années sont généralement successives et ne sont donc jamais choisies au hasard. En pratique, on fait toutefois l'hypothèse que les effets des années sont aléatoires. Si on considère les effets « année » et « lieu » comme aléatoires, cela implique que toutes les interactions faisant intervenir ces facteurs le sont aussi.

Les effets A_r, L_s, AL_{rs}, tA_{ir}, tL_{is}, et ε_{irs}^* sont considérés aléatoires et sont supposés être distribués suivant une loi normale de moyenne nulle et de variance égale à, respectivement, σ_A^2, σ_L^2, σ_{AL}^2, σ_{tA}^2, σ_{tL}^2 et $\sigma_{\varepsilon^*}^2$. De plus, les différents effets aléatoires sont supposés indépendants les uns des autres.

Estimation de la variance de l'interaction traitement-année-lieu

Le résidu ε_{irs}^* comprend à la fois l'erreur expérimentale associée à la moyenne y_{irs}, et l'effet d'interaction traitement-année-lieu. On peut obtenir une estimation de la variance de l'interaction traitement-année-lieu en faisant la différence entre la variance des résidus ε_{irs}^* et la variance de l'erreur d'estimation des données moyennes :

$$\hat{\sigma}_{tAL}^2 = \hat{\sigma}_{\varepsilon^*}^2 - Vmoy$$

où $\hat{\sigma}_{\varepsilon^*}^2$ est l'estimation de la variance résiduelle du modèle (4.10) et $Vmoy$ est calculé suivant la formule (4.8).

D'une manière générale, la valeur de la variance de l'interaction traitement-année-lieu obtenue par différence, comme ci-dessus, est une approximation et sera différente de l'estimation que l'on pourrait obtenir avec une analyse en une étape sur données individuelles.

Variance de la différence entre deux traitements

Dans le cas du modèle (4.10), la variance de la différence entre les moyennes de deux traitements est donnée par :

$$Var\left(\widehat{\mu}_i - \widehat{\mu}_{i'}\right) = 2\left(\frac{\sigma_{tL}^2}{S} + \frac{\sigma_{tA}^2}{R} + \frac{\sigma_{\varepsilon\cdot}^2}{SR}\right)$$

Dans le cas d'un réseau d'expérimentations en blocs complets avec le même nombre de blocs par expérimentation, on a :

$$\sigma_{\varepsilon\cdot}^2 = \sigma_{tAL}^2 + \frac{\sigma_{\varepsilon}^2}{K}$$

où σ_{tAL}^2 est la variance de l'interaction traitement-année-lieu, σ_{ε}^2 est la variance de l'erreur expérimentale des données individuelles et K est le nombre de blocs par expérimentation (σ_{ε}^2 et K sont supposés identiques pour toutes les expérimentations). La variance de la différence entre les moyennes de deux traitements est alors donnée par Kempthorne (1960) :

$$Var\left(\widehat{\mu}_i - \widehat{\mu}_{i'}\right) = 2\left(\frac{\sigma_{tL}^2}{S} + \frac{\sigma_{tA}^2}{R} + \frac{\sigma_{tAL}^2}{SR} + \frac{\sigma_{\varepsilon}^2}{SRK}\right) \tag{4.11}$$

La formule (4.11) sera utilisée au chapitre 5 pour le dimensionnement d'un réseau multilocal et pluriannuel.

Analyse de l'exemple « blé_pluri » et script R

Le script R utilisé pour analyser l'exemple « blé_pluri » présente de nombreuses similitudes avec celui utilisé pour l'analyse de l'exemple « blé » au chapitre 3. C'est pourquoi, si nous présentons le script pour l'analyse de l'exemple « blé_pluri » en entier afin de faciliter sa réutilisation par le lecteur, nous ne commentons pas les parties communes aux deux scripts, ni les sorties équivalentes à celles de l'exemple « blé ».

```
# R version 3.4.3
# chargement des packages
library(lme4) # version 1.1-14
library(emmeans) # version 1.0
library(car) # version 2.1-6
library(outliers) # Version: 0.14
# ajustement du modèle
res.lmer <- lmer(rendement ~ variete + (1|annee)
+ (1|lieu) + (1|annee:lieu) + (1|variete:annee) +
(1|variete:lieu), data=DFmoy, na.action=na.exclude)
res.lmer
```

Le résultat de l'ajustement du modèle est présenté dans la figure 4.9. On y retrouve une estimation de l'écart-type des différents effets aléatoires et une estimation des effets fixes dont une partie seulement est reprise dans cette figure.

```
Linear mixed model fit by REML ['lmerMod']
Formula: rendement ~ variete + (1 | annee) + (1 |
lieu) + (1 | annee:lieu) +
(1 | variete:annee) + (1 | variete:lieu)
Data: DF
REML criterion at convergence: 11468.3
Random effects:
```

Groups	Name	Std.Dev.
variete:lieu	(Intercept)	1.888
variete:annee	(Intercept)	1.517
annee:lieu	(Intercept)	8.756
lieu	(Intercept)	8.180
annee	(Intercept)	4.208
Residual		3.802

```
Number of obs: 1942, groups:
variete:lieu, 1410; variete:annee, 184; annee:lieu,
113; lieu, 54; annee, 6
Fixed Effects:
```

(Inter-cept)	varie-teV10	varie-teV11	varie-teV12	varie-teV13	varie-teV14
94.13293	0.72601	1.35587	2.02108	2.30006	-1.00031

Figure 4.9. Informations sur le modèle mixte.

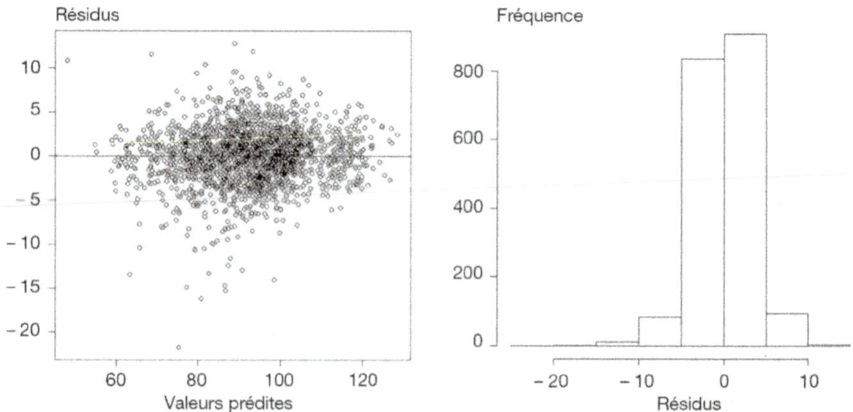

Figure 4.10. Graphiques de validation du modèle. À gauche : nuage de points des résidus en fonction des valeurs prédites. À droite : histogramme des résidus.

```
# validation du modèle
plot(fitted(res.lmer),residuals(res.lmer),
abline(h=0))
hist(residuals(res.lmer))
```

La figure 4.10 présente les graphiques des résidus du modèle. Ces graphiques révèlent la présence d'une ou plusieurs données suspectes qui mériteraient peut-être d'être expertisées afin de vérifier qu'aucune erreur n'affecte la valeur de ces données.

```
DFmoy$residus <- residuals(res.lmer)
grubbs.test(DFmoy$residus)
DFmoy[which.min(DFmoy$residus),]
```

Le test de Grubbs, dont les résultats sont présentés dans la figure 4.11, met en évidence la présence d'un résidu suspect, et la figure 4.12 affiche l'observation correspondant au résidu dont la valeur est la plus petite.

```
Grubbs test for one outlier
data: DF$residus
G = 6.7033, U = 0.9768, p-value = 1.52e-08
alternative hypothesis: lowest value -21.6932254973021
is an outlier
```

Figure 4.11. Test de Grubbs.

	rende-ment	variete	experi-mentation	lieu	annee	Vmoyj	residus
952	53.71	V53	LONGVIC_2008	LONGVIC	2008	3.63	-21.69323

Figure 4.12. Observation correspondant au résidu dont la valeur est la plus faible.

```
par(mfrow=c(2,2))
hist(ranef(res.lmer)$lieu[,"(Intercept)"])
hist(ranef(res.lmer)$`annee:lieu`[,"(Intercept)"])
hist(ranef(res.lmer)$`variete:annee`[,"(Intercept)"])
hist(ranef(res.lmer)$`variete:lieu`[,"(Intercept)"])
par(mfrow=c(1,1))
```

Les lignes de code ci-dessus sont nouvelles par rapport au script relatif à l'analyse de l'exemple « blé ». Elles permettent d'afficher les histogrammes des effets aléatoires « lieu », ainsi que des interactions année-lieu, variété-année et variété-lieu. Ces effets sont centrés sur zéro et sont supposés suivre une distribution normale. Le nombre des effets est suffisant dans le cas de l'exemple « blé_pluri » pour permettre la réalisation de ces graphiques qui sont présentés dans la figure 4.13.

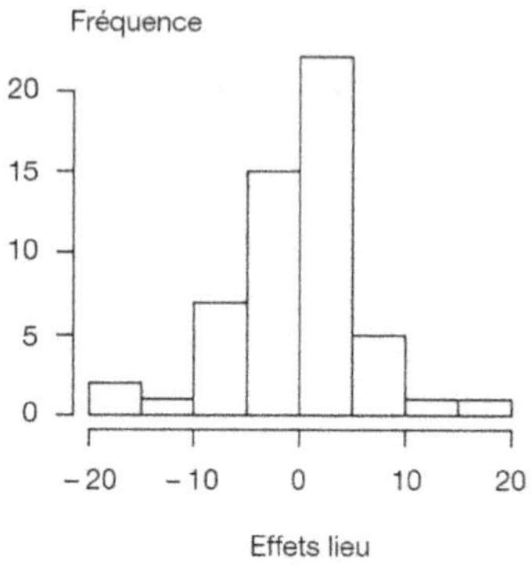

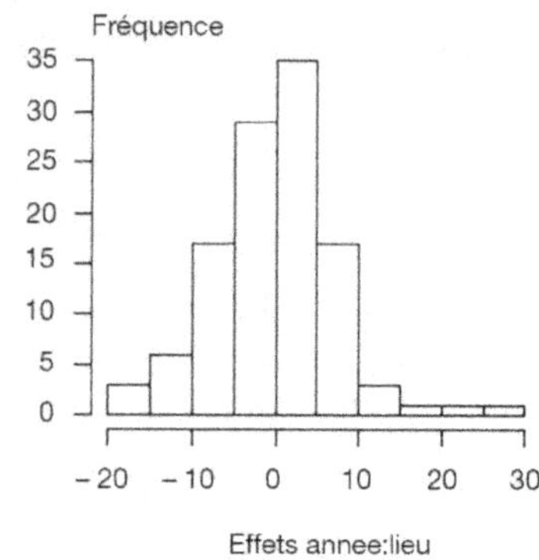

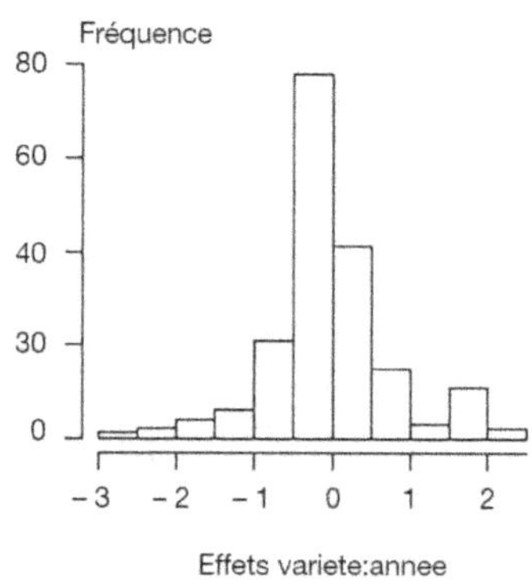

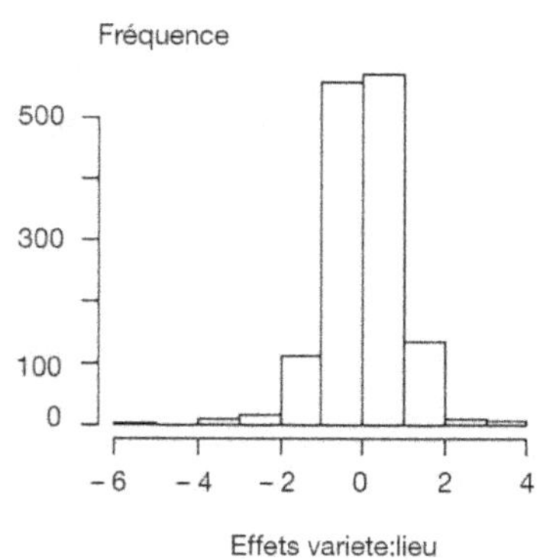

Figure 4.13. Histogrammes de différents effets aléatoires.

La figure 4.14 montre le résultat du test F qui teste l'égalité des moyennes des quatre-vingts variétés. La probabilité associée à la statistique de test (2,974e – 11) indique que les différences entre variétés sont très significatives.

```
# tableau d'anova
Anova(res.lmer, test.statistic="F")

Analysis of Deviance Table (Type II Wald F tests with
Kenward-Roger df)
Response: rendement
```

	F	Df	Df.res	Pr (>F)
variete	4.2039	79	95.601	2.974e-11 ***

```
Signif. codes: 0 '***' 0.001 '**' 0.01 '*' 0.05 '.' 0.1 ' ' 1
```

Figure 4.14. Test F.

```
# moyennes ajustées
moy_var <- lsmeans(res.lmer, ~variete)
moy_var
```

La figure 4.15 montre le début du tableau des moyennes ajustées des variétés.

variete	lsmean	SE	df	lower.CL	upper.CL
V1	94.13293	2.948956	22.88	88.03079	100.23506
V10	94.85893	2.468206	11.89	89.47585	100.24201
V11	95.48879	3.514057	46.21	88.41621	102.56137
V12	96.15400	2.898815	21.27	90.13018	102.17782
V13	96.52198	2.405186	10.78	91.21485	101.82912
V14	90.06761	2.697724	16.72	84.36863	95.76659
V15	96.05092	2.460441	11.74	90.67702	101.42481
V16	95.21234	2.898815	21.27	89.18852	101.23616
V17	94.17538	2.630766	15.34	88.57886	99.77191
V18	74.64226	3.416976	43.22	67.75228	81.53224
V19	92.47296	2.398402	10.65	87.17315	97.77277
...					

Confidence level used: 0.95

Figure 4.15. Moyennes ajustées.

```
# comparaisons à la moyenne générale
contrast(moy_var, method="eff", adjust="sidak")
```

Nous n'utilisons pas la fonction **pairs** de la librairie **emmeans** qui réalise toutes les comparaisons deux à deux, car avec quatre-vingts variétés cela représenterait $(80 \times 80 - 80)/2 = 3\ 160$ comparaisons, ce qui nécessiterait un temps de calcul excessif. À la place, nous utilisons la fonction **contrast** avec l'argument **method="eff"** qui permet de comparer chaque variété à la moyenne générale, ce qui représente 80 tests pour cet exemple. L'écart entre la moyenne d'une variété et la moyenne générale correspond à l'effet de la variété. Le début des résultats est repris dans la figure 4.16. Un test statistique est réalisé pour tester l'hypothèse de nullité des effets des variétés. La probabilité des tests est ajustée pour tenir compte de la multiplicité des tests.

```
# comparaisons à un témoin
contrast(moy_var, method="trt.vs.ctrl", ref=2)
```

La figure 4.17 reprend les comparaisons entre les moyennes des variétés et la variété témoin V10.

contrast	estimate	SE	df	t.ratio	p.value
V1effect	1.130022531	1.8758398	61.50	0.602	1.0000
V10effect	1.856029391	0.9860050	72.07	1.882	0.9949
V11effect	2.485889880	2.6595996	238.98	0.935	1.0000
V12effect	3.151100706	1.7901772	51.23	1.760	0.9991
V13effect	3.519081447	0.8197594	78.88	4.293	0.0040
V14effect	-2.935292120	1.4586923	81.15	-2.012	0.9796
V15effect	3.048014529	0.9669837	66.73	3.152	0.1768
V16effect	2.209434039	1.7901772	51.23	1.234	1.0000
V17effect	1.172480400	1.3357035	109.33	0.878	1.0000
V18effect	-18.360641577	2.5361994	584.81	-7.239	<.0001
V19effect	-0.529945261	0.8011623	72.18	-0.661	1.0000
...					

Figure 4.16. Comparaisons des moyennes des variétés à la moyenne générale.

contrast	estimate	SE	df	t.ratio	p.value
V1-V10	-0.72600686	2.099362	61.74	-0.346	1.0000
V11-V10	0.62986049	2.843741	199.53	0.221	1.0000
V12-V10	1.29507131	2.029242	53.59	0.638	1.0000
V13-V10	1.66305206	1.256569	70.67	1.323	0.9820
V14-V10	-4.79132151	1.732767	75.76	-2.765	0.2448
V15-V10	1.19198514	1.332355	65.10	0.895	0.9995
V16-V10	0.35340465	2.029242	53.59	0.174	1.0000
V17-V10	-0.68354899	1.683198	92.91	-0.406	1.0000
V18-V10	-20.21667097	2.740451	[illegible]	[illegible]	<.0001
V19-V10	-2.38597465	1.243528	67.77	-1.919	0.7839
...					

Figure 4.17. Comparaisons à la variété témoin V10.

```
# effets aléatoires
ranef(res.lmer)
```

La fonction **ranef** de la librairie **lme4** permet d'afficher les effets aléatoires. Nous ne montrons pas ces sorties pour ne pas surcharger le texte.

```
# variance des moyennes et variance de l'interaction
Vmoy <- mean(by(DFmoy$Vmoyj, DFmoy$experimentation,
unique))
Vmoy
var_intera <- summary(res.lmer)$sigma^2 - Vmoy
var_intera
```

La première ligne du script ci-dessus permet de calculer une estimation commune de la variance des données moyennes et de stocker cette valeur dans l'objet **Vmoy**. Dans le cas de l'exemple, on obtient : Vmoy = 3,107889.

La variance résiduelle du modèle mixte est obtenue avec la commande **summary(res.lmer)\$sigma^2**. Il est alors possible de calculer par simple soustraction la variance de l'interaction variété-année-lieu, **var_intera**, à partir de la variance résiduelle du modèle mixte et de **Vmoy**, la variance des données moyennes. Dans le cas de l'exemple, on obtient : **var_intera** = 11,34765. Cette estimation sera utilisée au chapitre 5 pour le dimensionnement d'un réseau d'expérimentations.

Références

Dagnelie P., 1998. *Statistique théorique et appliquée. Tome 2 : inférence statistique à une et à deux dimensions*, Paris et Bruxelles, De Boeck & Larcier, 659 p.

Frensham A., Culis B., Verbila A., 1997. Genotype by environment variance heterogeneity in a two-stage analysis. *Biometrics*, 53, 1373-1383.

Gilmour A.R., 2000. Post blocking gone too far! Recovery of information and spatial analysis in field experiments. *Biometrics*, 56, 944-946.

Kempthorne O., 1960. *The Design and Analysis of Experiments*, New York, Wiley & Sons, 631 p.

Kempton R.A., Fox P.N., 1997. *Statistical Methods for Plant Variety Evaluation*, London, Chapman & Hall, 191 p.

Möhring J., Piepho H.-P., 2009. Comparison of weighting in two-stage analysis of plant breeding trials. *Crop Science*, 49, 1977-1988.

Monod H., 2001. *Alpha-plans, carrés semi-latins et autres plans en répliques. Comment les utiliser ?* ITCF, Paris, 44 p.

Piepho H.-P., 1996. Comparing cultivar means in multilocation trials when the covariance structure is not circular. *Heredity*, 76, 198-203.

Piepho H.-P., Möhring J., 2006. Selection in cultivar trials – Is it ignorable? *Crop Science*, 46, 192-201.

Piepho H.-P., Bûchse A., Emrich K., 2003. A hitchhiker's guide to mixed models for randomized experiments. *J. Agronomy and Crop Science*, 189, 310-322.

Pinheiro J.C., Bates D.M., 2000. *Mixed-Effects Models in S and S-PLUS*, New-York, Springer, 528 p.

Smith A., Cullis B., Gilmour A., 2001b. The analysis of crop variety evaluation data in Australia. *Aust. N. Z. J. Stat.*, 43 (2), 129-145.

Smith A., Cullis B., Thompson R., 2001a. Analyzing variety by environment data using multiplicative mixed models and adjustments for spatial field trend. *Biometrics*, 57, 1138-1147.

Spike J., Piepho H.-P., Hu X., 2005. Analysis of unbalanced data by mixed linear models using MIXED procedure of the SAS System. *J. Agronomy and Crop Science*, 191, 47-54.

## 5

Planification d'un réseau d'expérimentations

Objectif

Quand on s'intéresse à la planification d'un réseau d'expérimentations, on veut généralement savoir *combien* d'expérimentations il faut réaliser. On oublie souvent qu'il est aussi important de savoir *comment* on va choisir les environnements dans lesquels les expérimentations vont se dérouler.

La question du « comment » est à la fois simple et complexe. Si l'objectif du réseau est de pouvoir généraliser les conclusions à une population d'environnements, il faut choisir les environnements qui feront partie du réseau au hasard parmi la population d'environnements possibles. Cela implique de définir la population d'environnements visée, ce qui n'est pas aussi simple qu'il peut sembler à première vue. Ensuite, le choix des environnements au hasard n'est pas toujours possible à réaliser, essentiellement pour des raisons pratiques. Ainsi, par exemple, pour éviter que les coûts ne soient trop élevés, on cherche parfois à implanter les expérimentations dans une zone proche de la station expérimentale. Un autre exemple concerne le choix des agriculteurs qui accueillent une expérimentation sur leur exploitation, lorsque ceux-ci doivent intervenir sur cette expérimentation. Dans ce cas, il est fréquent de collaborer de manière régulière avec les mêmes agriculteurs, dans le but de garantir la réussite des expérimentations.

La question du « combien » est plus simple à résoudre, mais elle nécessite d'avoir une idée de la variabilité expérimentale aux différentes échelles observées. Pour cela, lorsque c'est possible, on peut s'appuyer sur un jeu de données existant pour estimer cette variabilité, afin de pouvoir planifier l'acquisition de nouvelles données.

La question « combien de répétitions réaliser ? » est en fait multiple. Dans le cas d'un réseau multilocal, il faut déterminer le nombre de répétitions par expérimentation et le nombre d'expérimentations. Dans le cas d'un réseau multilocal et pluriannuel, il faut en plus déterminer le nombre d'années.

Généralement, le dimensionnement d'une expérimentation ou d'un réseau d'expérimentations se fait d'après un objectif de puissance (Gozé, 1992). La puissance est une quantité qui mesure la capacité de l'expérimentation ou d'un réseau d'expérimentations à détecter des différences entre traitements si elles existent. Cependant, le calcul de la puissance nécessite de faire des hypothèses sur les écarts réels existant entre les traitements qui sont généralement difficiles à formuler de manière réaliste. De plus, les calculs de puissance dans le cas du modèle mixte sont plus compliqués que dans le cas d'un modèle linéaire fixe. Les lecteurs intéressés par cette approche peuvent consulter Littell *et al.* (2006).

Nous proposons ci-dessous une approche plus facile à mettre en œuvre basée sur le calcul de la variance de la différence entre deux traitements. Le principe est simple. La variance de la différence entre deux traitements dépend de la variabilité expérimentale aux différentes échelles observées, et il faut premièrement estimer les variances intervenant à ces différentes échelles. Ensuite, on calcule la variance de la différence entre deux traitements avec les estimations de variances obtenues à la première étape, en faisant varier le nombre de répétitions. Enfin, on utilise ces simulations pour déterminer le nombre de répétitions qui offre le meilleur compromis entre précision des comparaisons et coût du réseau, la précision des comparaisons étant exprimée sous forme d'une ppds (plus petite différence significative à 5 %) qui est égale à deux fois l'écart-type de la différence entre deux traitements : $ppds = 2\sqrt{\widehat{Var}\left(\hat{\mu}_i - \hat{\mu}_{i'}\right)}$.

Cette démarche est appliquée dans les sections « Cas d'un réseau multilocal » et « Cas d'un réseau multilocal et pluriannuel » dans le cas d'un réseau multilocal et d'un réseau multilocal et pluriannuel d'expérimentations en blocs aléatoires complets. La section « Autres contrastes » montre comment optimiser un réseau d'expérimentations à partir du calcul de la variance d'un autre contraste que la différence entre deux traitements.

Nous supposons dans ce chapitre que la variance résiduelle des expérimentations individuelles est identique pour toutes les expérimentations du réseau. Nous restreignons également la démarche au cas où l'on cherche à dimensionner un réseau complet, c'est-à-dire un réseau dans lequel tous les traitements sont présents dans toutes les expérimentations. Nous pensons cependant que, même si ces conditions ne sont pas remplies, la démarche présentée permet d'obtenir dans la plupart des cas un ordre de grandeur du nombre de répétitions à réaliser dans un réseau, ce qui est en pratique souvent suffisant.

Comparaison de deux traitements

Cas d'un réseau multilocal

Variance de la différence entre deux traitements

La variance de la différence entre deux traitements dans le cas d'un réseau multilocal décrit par le modèle (3.1) est donnée par la formule (3.2) rappelée ici :

$$Var\left(\hat{\mu}_i - \hat{\mu}_{i'}\right) = 2\left(\frac{\sigma_{tE}^2}{J} + \frac{\sigma_{\varepsilon}^2}{JK}\right)$$

où $Var\left(\hat{\mu}_i - \hat{\mu}_{i'}\right)$ est la variance de l'estimateur de la différence entre les moyennes des traitements i et i', et σ^2_{tE}, σ^2_{ε}, J et K sont, respectivement, la variance des effets d'interaction entre les traitements et les expérimentations, la variance des résidus, le nombre d'expérimentations et le nombre de blocs par expérimentation.

σ^2_{ε} et σ^2_{tE} peuvent être estimées au moyen du modèle (3.1) en analysant les données individuelles d'un réseau en blocs aléatoires complets. Dans le cas d'une analyse en deux étapes, σ^2_{tE} peut être estimée au moyen de la formule (4.9), et σ^2_{ε} au moyen de la formule suivante : $\dfrac{\sum_{j=1}^{J} 0,5 n_j VMC_j}{J}$, où VMC_j, n_j et J sont, respectivement, la variance moyenne des comparaisons deux à deux des traitements pour l'expérimentation j, le nombre de répétitions de l'expérimentation j (c'est-à-dire le nombre de blocs dans le cas d'une expérimentation en blocs aléatoires complets), et le nombre d'expérimentations.

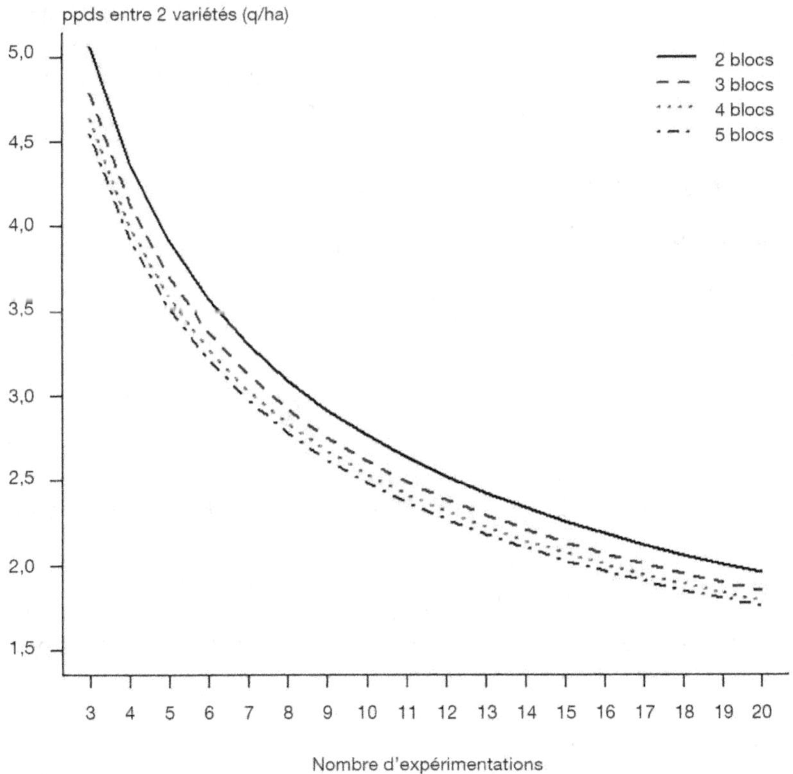

Figure 5.1. Plus petite différence significative à 5 % (ppds) entre deux variétés en fonction du nombre de blocs par expérimentation et du nombre d'expérimentations. Simulations réalisées à partir de l'exemple « blé ».

Exemple « blé »

L'analyse de l'exemple « blé » réalisée au chapitre 3 permet de récupérer des estimations de σ_ε^2 et σ_{tE}^2 : $\hat{\sigma}_\varepsilon^2 = 6{,}10$ et $\hat{\sigma}_{tE}^2 = 6{,}53$ (figure 3.12 ; attention, dans cette figure ce sont les écarts-types qui sont reportés). En remplaçant les valeurs théoriques par ces estimations dans la formule (3.2), on obtient :

$$\widehat{Var}\left(\hat{\mu}_i - \hat{\mu}_{i'}\right) = 2\left(\frac{6{,}53}{J} + \frac{6{,}10}{JK}\right).$$

La figure 5.1 montre la ppds entre deux traitements pour des nombres d'expérimentations J variant de 3 à 20, et des nombres de blocs K variant de 2 à 5. Si on est en mesure de dire quelle est la précision souhaitée, il suffit de se reporter à ce graphique pour déterminer la taille du réseau nécessaire pour atteindre ce niveau de précision. Il est également possible de tirer un certain nombre d'enseignements de la lecture de la figure 5.1 qui peuvent servir de guide lors de la conception d'un réseau d'expérimentations. Ainsi, cette figure indique que plus le nombre de blocs augmente, plus le gain de précision apporté par un bloc supplémentaire est faible. Le même constat peut être fait à propos du nombre d'expérimentations. D'autre part, pour un nombre total de blocs donnés, il vaut mieux faire beaucoup d'expérimentations avec peu de blocs par expérimentation, que peu d'expérimentations avec beaucoup de blocs. Ainsi, par exemple, il vaut mieux faire 5 expérimentations avec 3 blocs que 3 expérimentations avec 5 blocs.

Cas d'un réseau multilocal et pluriannuel

Variance de la différence entre deux traitements

La variance de la différence entre deux traitements dans le cas d'un réseau d'expérimentations en blocs complets multilocal et pluriannuel est donnée par la formule (4.11) reprise ici :

$$Var\left(\hat{\mu}_i - \hat{\mu}_{i'}\right) = 2\left(\frac{\sigma_{tL}^2}{S} + \frac{\sigma_{tA}^2}{R} + \frac{\sigma_{tAL}^2}{SR} + \frac{\sigma_\varepsilon^2}{SRK}\right)$$

où $Var\left(\hat{\mu}_i - \hat{\mu}_{i'}\right)$ est la variance de l'estimateur de la différence entre les moyennes des traitements i et i', et σ_{tL}^2, σ_{tA}^2, σ_{tAL}^2, σ_ε^2, S, R et K sont, respectivement, la variance de l'interaction traitement-lieu, la variance de l'interaction traitement-année, la variance de l'interaction traitement-lieu-année, la variance de l'erreur expérimentale des données individuelles, le nombre de lieux, le nombre d'années et le nombre de blocs par expérimentation.

Exemple « blé_pluri »

L'analyse de l'exemple « blé_pluri » montrée dans le chapitre 4, section « Analyse de l'exemple "blé_pluri" et script R » permet de récupérer des estimations de σ_{tL}^2, σ_{tA}^2, σ_{tAL}^2. Une estimation de σ_ε^2 peut être obtenue au moyen de la formule suivante : $\hat{\sigma}_\varepsilon^2 = \dfrac{\sum_{j=1}^{J} 0,5 n_j VMC_j}{J}$, où VMC_j, n_j et J sont, respectivement, la variance moyenne des comparaisons deux à deux des traitements pour l'expérimentation j, le nombre de répétitions de l'expérimentation j (c'est-à-dire le nombre de blocs dans le cas d'une expérimentation en blocs aléatoires complets), et le nombre d'expérimentations. Dans le cas de l'exemple « blé_pluri », on obtient : $\hat{\sigma}_\varepsilon^2 = 9,94$. En remplaçant les valeurs théoriques par ces estimations dans la formule (4.11),

on obtient : $\widehat{Var}\left(\hat{\mu}_i - \hat{\mu}_{i'}\right) = 2\left(\dfrac{3,56}{S} + \dfrac{2,30}{R} + \dfrac{11,35}{SR} + \dfrac{9,94}{SRK}\right)$.

Les composantes de la variance utilisées ci-dessus ont été estimées sur un jeu de données incomplet, mais cela n'empêche aucunement de s'en servir pour planifier un réseau complet.

La figure 5.2 montre la ppds entre deux traitements pour des nombres de lieux S variant de 3 à 20, des nombres d'années R variant de 1 à 4, et des nombres de blocs

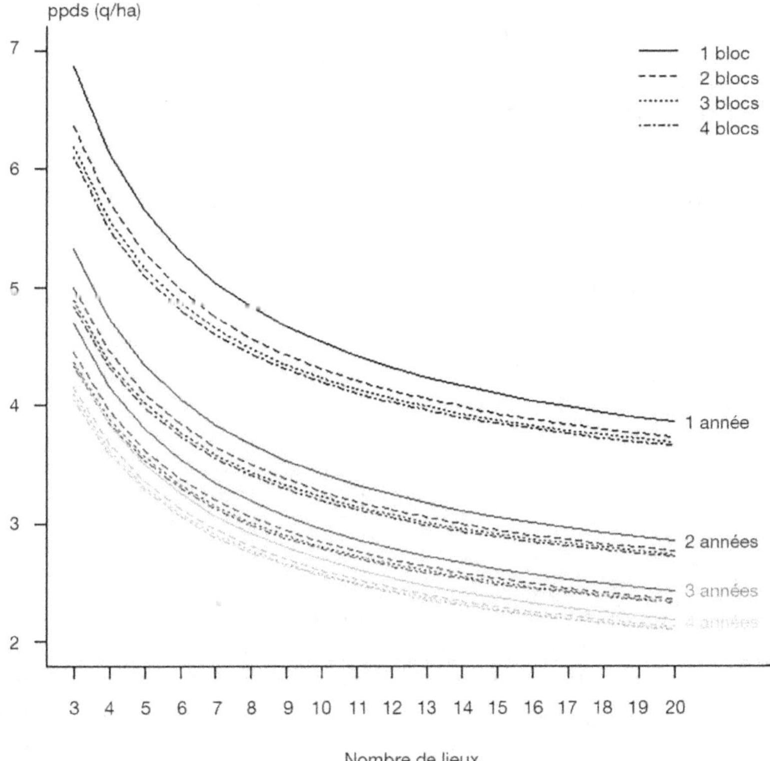

Figure 5.2. Plus petite différence significative à 5 % (ppds) entre deux variétés en fonction du nombre de blocs par expérimentation, du nombre de lieux et du nombre d'années. Simulations réalisées à partir de l'exemple « blé_pluri ».

par expérimentation variant de 1 à 4. Si on est en mesure de dire quelle est la précision souhaitée, il suffit de se reporter à ce graphique pour déterminer la taille du réseau nécessaire pour atteindre ce niveau de précision. D'une manière générale, plus le nombre de répétitions augmente, plus le gain de précision apporté par une répétition supplémentaire est faible. Le gain de précision est faible quand on passe de trois à quatre blocs ; il ne semble donc pas justifié de conduire des expérimentations comportant quatre blocs, et on peut même se demander s'il est pertinent de faire plus de deux blocs par expérimentation. Le même genre de raisonnement peut être fait à propos du nombre de lieux et du nombre d'années.

Autres contrastes

Il est possible d'optimiser un réseau d'expérimentations à partir du calcul de la variance d'un autre contraste que la différence entre deux traitements. On peut vouloir, par exemple, comparer la moyenne d'un traitement à la moyenne de plusieurs traitements témoins. Un autre type de comparaison qui est fréquemment utilisé consiste à comparer la moyenne d'un traitement à la moyenne générale, définie comme étant la moyenne des moyennes des traitements. Ce type de contraste est appelé « l'effet du traitement ». Quel que soit le contraste, on définira la ppds de la façon suivante : $ppds = 2\sqrt{\widehat{Var}_{contraste}}$, où $\widehat{Var}_{contraste}$ est l'estimation de la variance du contraste choisi.

Comparaison à la moyenne de plusieurs témoins

Cas d'un réseau multilocal

La variance de la différence entre un traitement et la moyenne de plusieurs traitements témoins dans le cas d'un réseau multilocal décrit par le modèle (3.1) est donnée par la formule suivante :

$$Var\left(\hat{\mu}_i - \widehat{tem}\right) = \left(1 + \frac{1}{n_{tem}}\right)\left(\frac{\sigma_{tE}^2}{J} + \frac{\sigma_\varepsilon^2}{JK}\right)$$

où $\hat{\mu}_i$, $\widehat{tem}$, n_{tem}, σ_{tE}^2, σ_ε^2, J et K sont, respectivement, la moyenne estimée du traitement i, la moyenne des moyennes estimées des traitements témoins, le nombre de traitements témoins, la variance des effets d'interaction entre les traitements et les expérimentations, la variance des résidus, le nombre d'expérimentations et le nombre de blocs par expérimentation. On peut remarquer que dans le cas où il y a un seul traitement témoin, on retrouve la variance de la différence entre deux traitements donnée par la formule (3.2).

Le calcul de la ppds relative à ce contraste se fait en remplaçant les valeurs théoriques des variances σ_{tE}^2, σ_ε^2 par leur estimation calculée sur un jeu de données.

Cas d'un réseau multilocal et pluriannuel

La variance de la différence entre un traitement et la moyenne de plusieurs traitements témoins dans le cas d'un réseau d'expérimentations en blocs complets multilocal et pluriannuel est donnée par la formule suivante :

$$Var\left(\hat{\mu}_i - \widehat{tem}\right) = \left(1 + \frac{1}{n_{tem}}\right)\left(\frac{\sigma_{tL}^2}{S} + \frac{\sigma_{tA}^2}{R} + \frac{\sigma_{tAL}^2}{SR} + \frac{\sigma_{\varepsilon}^2}{SRK}\right)$$

où $\hat{\mu}_i$, $\widehat{tem}$, n_{tem}, σ_{tL}^2, σ_{tA}^2, σ_{tAL}^2, σ_{ε}^2, S, R et K sont, respectivement, la moyenne estimée du traitement i, la moyenne des moyennes estimées des traitements témoins, le nombre de traitements témoins, la variance de l'interaction traitement-lieu, la variance de l'interaction traitement-année, la variance de l'interaction traitement-lieu-année, la variance de l'erreur expérimentale des données individuelles, le nombre de lieux, le nombre d'années et le nombre de blocs par expérimentation. Lorsqu'il n'y a qu'un seul traitement témoin, on retrouve la variance de la différence entre deux traitements donnée par la formule (4.11).

Le calcul de la ppds relative à ce contraste se fait en remplaçant les valeurs théoriques des variances σ_{tL}^2, σ_{tA}^2, σ_{tAL}^2, σ_{ε}^2 par leur estimation calculée sur un jeu de données.

Comparaison à la moyenne générale

Cas d'un réseau multilocal

La variance de la différence entre un traitement et la moyenne générale dans le cas d'un réseau multilocal décrit par le modèle (3.1) est donnée par la formule suivante :

$$Var\left(\hat{\mu}_i - \widehat{GM}\right) = \left(1 - \frac{1}{n_{trait}}\right)\left(\frac{\sigma_{tE}^2}{J} + \frac{\sigma_{\varepsilon}^2}{JK}\right)$$

où $\hat{\mu}_i$, $\widehat{GM}$, n_{trait}, σ_{tE}^2, σ_{ε}^2, J et K sont, respectivement, la moyenne estimée du traitement i, la moyenne générale estimée, le nombre total de traitements, la variance des effets d'interaction entre les traitements et les expérimentations, la variance des résidus, le nombre d'expérimentations et le nombre de blocs par expérimentation.

Le calcul de la ppds relative à ce contraste se fait en remplaçant les valeurs théoriques des variances σ_{tE}^2, σ_{ε}^2 par leur estimation calculée sur un jeu de données.

Cas d'un réseau multilocal et pluriannuel

La variance de la différence entre un traitement et la moyenne générale dans le cas d'un réseau d'expérimentations en blocs complets multilocal et pluriannuel est donnée par la formule suivante :

$$Var\left(\hat{\mu}_i - \widehat{GM}\right) = \left(1 - \frac{1}{n_{trait}}\right)\left(\frac{\sigma_{tL}^2}{S} + \frac{\sigma_{tA}^2}{R} + \frac{\sigma_{tAL}^2}{SR} + \frac{\sigma_{\varepsilon}^2}{SRK}\right)$$

où $\hat{\mu}_i$, $\widehat{GM}$, n_{trait}, σ_{tL}^2, σ_{tA}^2, σ_{tAL}^2, σ_{ε}^2, S, R et K sont, respectivement, la moyenne estimée du traitement i, la moyenne générale estimée, le nombre total de traitements, la variance de l'interaction traitement-lieu, la variance de l'interaction traitement-année, la variance de l'interaction traitement-lieu-année, la variance de l'erreur expérimentale des données individuelles, le nombre de lieux, le nombre d'années et le nombre de blocs par expérimentation.

Comme dans les cas précédents, le calcul de la ppds relative à ce contraste se fait en remplaçant les valeurs théoriques des variances σ_{tL}^2, σ_{tA}^2, σ_{tAL}^2, σ_{ε}^2 par leur estimation calculée sur un jeu de données.

Références

Gozé E., 1992. Détermination de la dimension des réseaux d'essais. *Coton Fibres Trop.*, 47 (2), 81-94.

Littell R.C., Milliken G.A., Stroup W.W., Wolfinger R.D., Schabenberger O., 2006. *SAS System for Mixed Models*, Second Edition, Cary, NC: SAS Institute Inc., 814 p.

La méta-analyse

Cette seconde partie concerne la méta-analyse et comporte deux chapitres.

Le chapitre 6 présente les objectifs et les principales étapes d'une méta-analyse. Ce chapitre explique l'importance de définir précisément la quantité que l'on cherche à estimer par méta-analyse et de réaliser de manière rigoureuse une recherche systématique des études disponibles. Ce chapitre décrit ensuite deux approches statistiques permettant d'analyser les données extraites des études sélectionnées : l'estimation de la taille d'effet moyenne et la métarégression. Ces deux approches sont illustrées avec plusieurs exemples.

Le chapitre 7 aborde plusieurs problèmes spécifiques concernant la méta-analyse ; la définition de la taille d'effet et les différents biais associés, l'analyse de données issues de comptages à l'aide de modèles linéaires généralisés, et l'analyse de réponses non linéaires. Enfin, ce chapitre présente une approche statistique alternative basée sur l'utilisation de modèles bayésiens. Ces sujets sont illustrés avec des données réelles.

6

Notions de base
pour la méta-analyse

Définition, origine et principales étapes de la méta-analyse

La méta-analyse est une des méthodes utilisées pour synthétiser les connaissances. Elle combine deux approches : la revue systématique et l'analyse statistique.

La revue systématique a été définie par Chalmers *et al.* (2002) comme l'application de stratégies pour limiter les biais dans la collecte, l'évaluation critique et la synthèse de toutes les études pertinentes traitant d'un sujet particulier. Récemment, l'Anses (2016) a répertorié dix définitions différentes pour la revue systématique et a proposé la définition synthétique suivante : « Une revue systématique de la littérature scientifique consiste à assembler, évaluer et synthétiser de manière exhaustive toutes les études pertinentes, parfois contradictoires, qui abordent une question précise. Une revue systématique est basée sur la rédaction d'un protocole détaillé au préalable favorisant la transparence de la démarche et sa reproductibilité. »

Les revues systématiques sont fréquemment réalisées dans le cadre de travaux de recherche académiques et, également, dans des analyses de risques sanitaires et environnementaux. Une de ses principales limites réside dans sa nature qualitative ; le résultat d'une revue systématique consiste en une conclusion narrative résumant les études de la revue. Elle ne fournit pas de résultat quantitatif sur la force d'une relation causale, sur la taille des effets étudiés ou sur le niveau d'incertitude.

En associant une analyse statistique à une revue systématique, la méta-analyse présente un double avantage : elle limite les risques de biais en récupérant un ensemble d'études sur la base d'un protocole explicite et fournit des résultats sous une forme quantitative. Glass (1976) définit la méta-analyse comme l'analyse statistique d'un large ensemble de résultats issus d'études individuelles dans le but de synthétiser leurs conclusions. D'autres définitions ont été proposées et ont été mentionnées, notamment par Chalmers *et al.* (2002) et Koricheva *et al.* (2013). Toutes insistent sur l'idée de combiner différentes études ayant un objectif commun dans le but d'obtenir une estimation d'une quantité d'intérêt.

Historiquement, les premières applications de la méta-analyse ont été réalisées dès le début du xxᵉ siècle. Karl Pearson (1904) a ainsi collecté et analysé les résultats de différentes études dont l'objectif était d'évaluer l'efficacité d'un vaccin contre la typhoïde. Yates (1941) est souvent présenté comme l'auteur de la première méta-analyse agronomique (Chalmers *et al.*, 2002). Son objectif était de déterminer des doses d'engrais phosphaté optimales dans le contexte de blocus et de pénurie de la Seconde Guerre mondiale. Un grand nombre d'essais testant l'effet de doses d'engrais croissantes sur le rendement des cultures a été collecté et analysé globalement pour calculer au plus juste les doses d'engrais requises. La méta-analyse est devenue une méthode standard dans le domaine médical dans les années 1990, notamment grâce à l'impulsion de la Cochrane Organisation qui fait la promotion de cette approche et organise des ateliers pour faciliter la réalisation de revues systématiques et de méta-analyses[3].

La méta-analyse est devenue une technique incontournable pour identifier des facteurs de risques de maladies et pour évaluer l'efficacité de traitements médicaux (Sutton *et al.*, 2000 ; Borenstein *et al.*, 2009). Certains auteurs considèrent la méta-analyse comme une approche permettant de limiter les risques de fausse découverte (Ioannidis, 2005). La méta-analyse est maintenant de plus en plus souvent utilisée en dehors du domaine médical, notamment en écologie, dans les sciences environnementales et en agronomie (Philibert *et al.*, 2012a ; 2012b ; Koricheva *et al.*, 2013 ; Makowski *et al.*, 2014a).

Il existe deux grands types de méta-analyse. L'objectif du premier type est d'estimer la taille moyenne de l'effet d'un traitement (ex. : méthode de lutte contre une maladie, effet d'un système de culture) sur une variable d'intérêt (ex. : rendement) en utilisant un ensemble d'études pertinentes (voir Hossard *et al.*, 2016, pour un exemple récent en agronomie). L'objectif du second type de méta-analyse (souvent appelé « métarégression ») est d'estimer une relation entre une variable de réponse et une ou plusieurs variables explicatives, en utilisant un ensemble d'études expérimentales incluant des valeurs observées des variables considérées (Philibert *et al.*, 2012b ; Yu *et al.*, 2015). Ces deux types de méta-analyse comportent des étapes communes :
– définition de l'objectif de la méta-analyse : définition de la taille d'effet, variable de réponse, variables explicatives et population ;
– revue systématique : définition du protocole de recherche bibliographique, récupération des études ;
– sélection des études et extraction des données : définition de critères de sélection, application des critères aux études, extraction des données des études sélectionnées ;
– analyse statistique : définition d'un ou plusieurs modèles statistiques, estimation des paramètres, estimation des quantités d'intérêt, analyse d'incertitude ;
– analyse critique : analyse de sensibilité, analyse du biais de publication ;
– communication des résultats.

---

3. http://www.cochrane.org.

Ces étapes sont présentées en détail et illustrées à l'aide d'exemples dans les parties suivantes.

Estimation d'une taille d'effet moyenne

Objectif

Dans ce type de méta-analyse (de loin le plus répandu), l'objectif est d'estimer l'effet d'un traitement expérimental E sur une variable d'intérêt X par rapport à un contrôle C. Pour cela, il est nécessaire de définir plusieurs éléments :
– la variable d'intérêt X ;
– le contrôle C ;
– le traitement expérimental E ;
– la population d'études ;
– la taille d'effet permettant de comparer C et E.

Selon le sujet de la méta-analyse, la valeur X peut correspondre à une variable continue, par exemple le rendement d'une culture, ou à une variable discrète, par exemple le nombre de plantes malades dans un échantillon de plantes. En agronomie, les traitements C et E correspondent généralement à des pratiques agricoles (ex. : C = parcelle non traitée par des pesticides, E = parcelle traitée) ou à des systèmes de cultures (ex. : C = système conventionnel et E = système biologique).

L'effet du traitement E est étudié en définissant une quantité appelée « taille d'effet » qui compare la valeur de X obtenue lorsque que le traitement expérimental E est appliqué (X_E) à la valeur de X obtenue avec un traitement de control C (X_C). Différentes tailles d'effet combinant X_E et X_C sont couramment utilisées, notamment la différence entre X_E et X_C, $X_E - X_C$, et le ratio, $\dfrac{X_E}{X_C}$. Le ratio permet de gérer des données exprimées dans des unités différentes, ce qui est souvent le cas lorsqu'on utilise des études d'origines variées.

Il est important de définir aussi précisément que possible la population pour laquelle la taille d'effet doit être estimée. Cette population inclut l'ensemble des études que l'on souhaite récupérer pour estimer la taille d'effet moyenne. En pratique, on ne récupère qu'un sous-ensemble de ces études. Ce sous-ensemble constitue un échantillon qui sera utilisé pour faire une inférence pour la population totale (figure 6.1). Par exemple, si l'objectif de la méta-analyse est d'estimer la perte de rendement moyenne du maïs biologique en Europe par rapport au maïs conventionnel, la population correspondra à l'ensemble des études européennes ayant mesuré le rendement du maïs dans au moins un traitement biologique et un traitement conventionnel. En pratique, on récupérera un échantillon des études existantes qui sera utilisé pour estimer la perte moyenne pour l'Europe. Cette perte sera déterminée en estimant l'espérance de la différence des rendements ou du ratio des rendements biologiques et conventionnels.

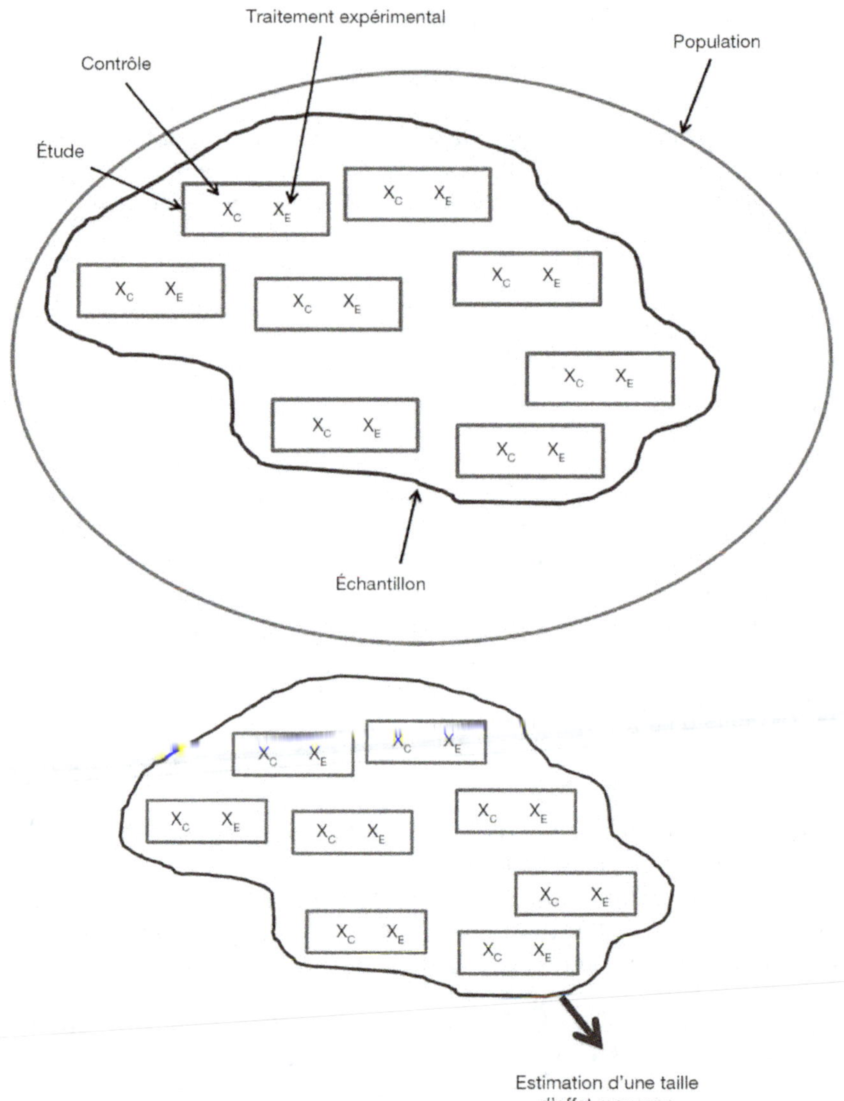

Figure 6.1. Estimation d'une taille d'effet moyenne à partir d'un échantillon d'études issues d'une population.

Recherche systématique des études, sélection des références et extraction de données

La recherche systématique des études est généralement réalisée avec des bases de données bibliographiques. Il est important de décrire la démarche de recherche de manière aussi transparente et précise que possible afin de faciliter la répétabilité de la procédure utilisée. Il est ainsi nécessaire de présenter l'équation de recherche, la période de temps couverte, le type de documents recherchés. Lorsque c'est possible, il est conseillé d'utiliser deux bases de données (Efsa, 2010 ; Anses, 2016).

Les études doivent ensuite être sélectionnées à l'aide de critères explicites concernant le sujet de l'étude, la qualité du protocole expérimental mis en œuvre et les données disponibles. Lorsque le temps le permet, il est souvent conseillé d'appliquer la procédure de sélection par deux personnes différentes (Efsa, 2010 ; Anses, 2016). Cependant, la procédure de sélection des études pouvant être longue (plusieurs semaines ou plusieurs mois en pratique), il n'est pas toujours possible de faire analyser les études une à une par deux personnes différentes. Lorsque le nombre d'études est élevé (plusieurs centaines), il est fréquent de réaliser une première sélection d'abord sur les titres et résumés. Une deuxième sélection est ensuite réalisée en lisant en détail l'intégralité des études sélectionnées lors de la première étape. Il est conseillé de décrire les différentes étapes de la sélection des études en utilisant, par exemple, un diagramme de type Prisma[4]. Un tel diagramme permet de présenter :
– le nombre d'études récupérées à partir de bases de données bibliographiques ;
– les études issues d'autres sources ;
– les études éliminées lors de la lecture des titres et abstracts ;
– les études éliminées lors de la lecture du texte intégral ;
– les études éliminées suite à la non-disponibilité de données essentielles à l'analyse.

Les données doivent ensuite être extraites des études sélectionnées. Il est nécessaire d'extraire toutes les données nécessaires au calcul de la taille d'effet, c'est-à-dire les données correspondant aux valeurs mesurées de X_E et X_C. Lorsqu'elles sont disponibles, il est également nécessaire d'extraire des données donnant des informations sur la précision des mesures de X_E et X_C (écart-type, tailles des échantillons utilisés). Les données peuvent être extraites à partir des tableaux ou des figures présentés dans les études. Lorsque les données sont extraites à partir de figures, des logiciels spécialisés doivent être utilisés[5]. Les données extraites doivent être archivées dans des fichiers informatiques. En général, des tableurs classiques sont utilisés à cet effet. Lorsque la structure des données est complexe, il est parfois utile d'archiver les données dans une base de données relationnelles.

Certains logiciels facilitent les étapes de recherche des études, de sélection des études et d'extraction des données. Par exemple, le package **metagear** de R (Lajeunesse, 2016) inclut des fonctions permettant d'analyser des résumés d'articles, de tracer un diagramme prisma et d'extraire automatiquement des données de graphiques.

---

4. http://www.prisma-statement.org.
5. Par exemple https://automeris.io/WebPlotDigitizer/ (consulté le 28/05/2018).

Nous considérons ici 65 études utilisées dans la méta-analyse de Seufert *et al.* (2012). Chaque étude est constituée de valeurs expérimentales de rendements obtenus pour des systèmes de cultures biologiques et conventionnels. Les études couvrent différents sites, différentes années et différentes cultures. La taille d'effet est le ratio rendement biologique/rendement conventionnel. Les rendements, tailles d'échantillons et écarts-types ont été extraits de chaque étude. Ces valeurs ont été utilisées pour calculer les log ratios et leurs intervalles de confiance à 95 % (figure 6.2).

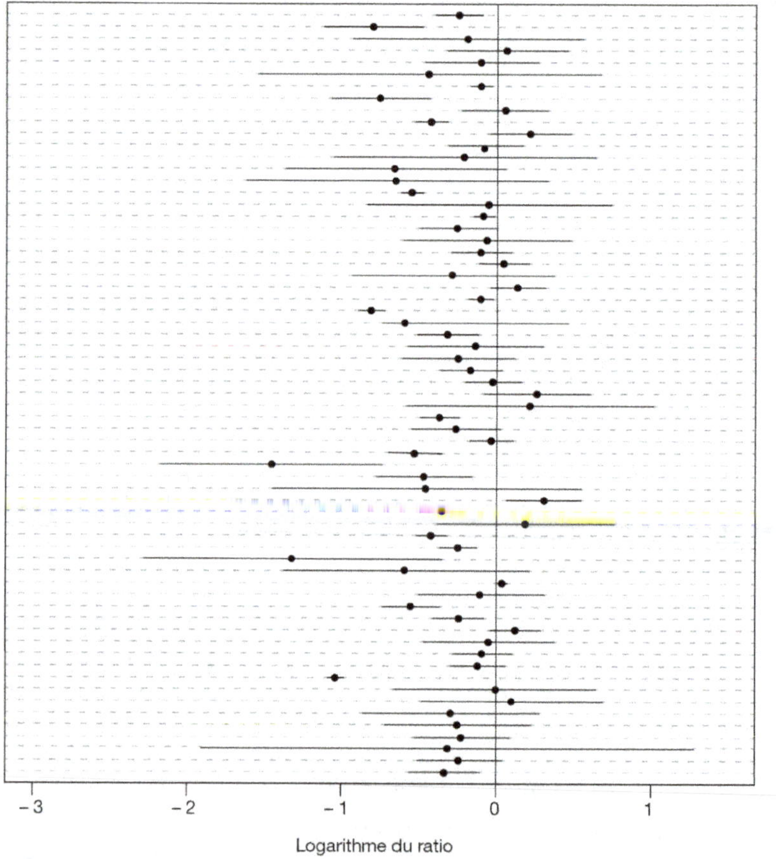

Figure 6.2. Logarithmes des ratios rendement biologique/rendement conventionnel estimés pour 65 études. Les barres horizontales correspondent aux intervalles de confiance à 95 %. Les données utilisées proviennent de la base de données de Seufert *et al.* (2012).

Estimation de la taille d'effet moyenne avec un modèle sans effet aléatoire

Description de la distribution des tailles d'effet individuelles

La première étape consiste à calculer la taille d'effet à partir des données extraites des études. Dans la majorité des cas, les études fournissent les valeurs moyennes de X_E et X_C, notées $\overline{X}_E$ et $\overline{X}_C$ respectivement. Il est alors possible d'estimer différentes tailles d'effet, notamment le ratio défini par $R = \dfrac{\overline{X}_E}{\overline{X}_C}$. En pratique, on utilise plutôt le logarithme du ratio plutôt que le ratio lui-même. Le logarithme du ratio est plus facile à manipuler mathématiquement, et présente une distribution souvent plus symétrique que le ratio lui-même. Le log ratio est défini par $L = \ln\left(\dfrac{\overline{X}_E}{\overline{X}_C}\right)$. Une autre taille d'effet appelée Hedges' g (Hedges et Olkin, 1985) est parfois utilisée dans le but de quantifier la différence entre $\overline{X}_E$ et $\overline{X}_C$ en tenant compte de la variabilité des mesures et des tailles des échantillons dans le traitement expérimental E et le contrôle C, mais l'interprétation des valeurs de cette taille d'effet est plus délicate que celle du ratio. Les exemples de ce chapitre sont basés sur le ratio R (ou sur son logarithme), mais d'autres types de tailles d'effet sont présentés dans le chapitre 7.

Lorsque les écarts-types de X_E et X_C et les tailles des échantillons utilisés pour calculer les moyennes sont disponibles dans les études considérées, il est possible d'estimer l'écart-type du log ratio L par $\sigma_L = \sqrt{\dfrac{\sigma_C^2}{n_C \overline{X}_C^2} + \dfrac{\sigma_E^2}{n_E \overline{X}_E^2}}$ (Hedges *et al.*, 1999), où n_E et n_C sont les tailles d'échantillons et où σ_E et σ_C sont les écarts-types de X_E et X_C. L'écart-type du log ratio peut ensuite être utilisé pour estimer un intervalle de confiance de L, par exemple $CI\,95\% = \left(L - 1{,}96\sigma_L ; L + 1{,}96\sigma_L\right)$. On obtient l'intervalle de confiance du ratio en prenant l'exponentielle des bornes.

Cette procédure doit être appliquée étude par étude. Si P études sont disponibles, on obtient une série de P ratios, R_1, R_2, …, R_p, une série de P log ratios L_1, L_2, …, L_p, ainsi que les intervalles de confiance associés. La distribution des ratios, log ratios et intervalles de confiance est souvent décrite graphiquement à l'aide du type de graphique particulier appelé *forest plot*. Ce type de graphique est illustré dans un exemple ci-dessous.

Test de l'homogénéité des tailles d'effet

L'hypothèse nulle d'homogénéité correspond à $H_0 : L_1 = L_2 = \ldots = L_p$. Si l'hypothèse nulle est vraie, les tailles d'effet sont égales pour toutes les études considérées dans la méta-analyse. Pour tester cette hypothèse nulle, on réalise généralement le test Q, présenté notamment par Hedges *et al.* (1999) et Borenstein *et al.* (2009). Ce test est basé sur une quantité Q définie par :

$$Q = \sum_{i=1}^{P} w_i \left(L_i - \overline{L} \right)^2 \text{ avec } \overline{L} = \frac{\sum_{i=1}^{P} w_i L_i}{\sum_{i=1}^{P} w_i} \text{ et } w_i = \frac{1}{\sigma_{L_i}^2}$$

$$Q = \sum_{i=1}^{P} w_i L_i^2 - \frac{\left(\sum_{i=1}^{P} w_i L_i \right)^2}{\sum_{i=1}^{P} w_i}$$

Sous l'hypothèse nulle H_0, la statistique Q suit une loi du Chi2 à $P - 1$ degrés de liberté, $Q \sim \chi_{P-1}^2$. L'hypothèse nulle est rejetée si $Q > q_\alpha$, où q_α est le quantile 1 − α. Si l'hypothèse nulle n'est pas rejetée, on ne peut pas exclure que les tailles d'effet soient identiques entre les études et, dans ce cas, il est possible d'estimer la taille d'effet moyenne à l'aide d'un modèle sans effet aléatoire (voir section « Estimation de la moyenne pondérée des tailles d'effet »). Si l'hypothèse nulle est rejetée, on conclut à l'existence d'une hétérogénéité entre les tailles d'effet des différentes études. Dans ce cas, il est préférable d'utiliser un modèle à effets aléatoires pour estimer la taille d'effet moyenne (voir section « Estimation de la taille d'effet moyenne avec un modèle à effets aléatoires »).

Exemple. Ratios des rendements en systèmes de cultures biologiques et conventionnels (suite)

Le test *Q* a été appliqué pour tester la différence entre les 65 log ratios présentés dans la figure 6.2. La valeur de *Q* est égale à 1 982,31. Cette valeur est très supérieure au quantile 0,95 d'une loi du Chi2 à 64 degrés de liberté (84,82). On rejette donc l'hypothèse nulle d'égalité des 65 log ratios de rendements. Voici le code R utilisé :

```
#Calcul des vecteurs des poids et des log ratios
w<-1/TAB$Var_lnR
L<-TAB$lnR
#Calcul de la statistique Q
Q<-sum(w*(L)^2)-((sum(w*L))^2)/sum(w)
#Calcul de la p-value
1-pchisq(Q,length(L)-1)
```

Estimation de la moyenne pondérée des tailles d'effet

Si on suppose que les tailles d'effet sont homogènes, il est possible de considérer que toutes les études considérées dans la méta-analyse partagent la même taille d'effet. La vraie valeur de cette taille d'effet est inconnue, mais elle peut être estimée à partir de l'échantillon des P études disponibles en utilisant un modèle statistique très simple défini ci-dessous :

$$L_i = \mu + \varepsilon_i$$

où L_i est la taille d'effet estimée pour l'étude i (ex. : log ratio), μ est la vraie taille d'effet, ε_i est la différence entre L_i et μ (erreur résiduelle) et $\mathrm{var}(L_i) = \mathrm{var}(\varepsilon_i) = \sigma_i^2$ est la variance de l'erreur résiduelle. En pratique, cette variance est supposée connue et est estimée à partir des données extraites des études, selon la méthode indiquée dans la section « Description de la distribution des tailles d'effet individuelles ». La valeur de μ est estimée en calculant une moyenne pondérée de la manière suivante :

$$\mu_{est}^{EF} = \frac{\sum_{i=1}^{P} w_i L_i}{\sum_{i=1}^{P} w_i} \quad \text{avec } w_i = \frac{1}{\sigma_i^2}.$$ La variance de cet estimateur et son intervalle de confiance à 95 % sont estimés par :

$$\mathrm{var}\left(\mu_{est}^{EF}\right) = \frac{1}{\sum_{i=1}^{P} w_i}$$

$$CI_{95\%} = \left(\mu_{est}^{EF} - 1{,}96\sqrt{\mathrm{var}\left(\mu_{est}^{EF}\right)};\ \mu_{est}^{EF} + 1{,}96\sqrt{\mathrm{var}\left(\mu_{est}^{EF}\right)}\right)$$

Exemple. Ratios des rendements en systèmes de culture biologiques et conventionnels (suite)

La valeur du log ratio estimée avec le modèle sans effet aléatoire décrit ci-dessus est égale à − 0,25. Son écart-type est égal à 0,0082. Le ratio de rendement estimé est égal à 0,78 et son intervalle de confiance à 95 % est [0,76, 0,79]. Ce résultat révèle que la perte de rendement est vraisemblablement comprise entre 21 et 24 %, d'après le modèle à effet fixe. Le code R utilisé pour réaliser l'analyse statistique est présenté ci-dessous :

```
#Calcul des poids à partir de l'inverse des variances
des log ratios du fichier TAB
w<-1/TAB$Var_lnR
#Création d'un vecteur incluant les log ratios
L<-TAB$lnR
#Calcul de la moyenne pondérée des log ratios
MEF<-sum(w*L)/sum(w)
#Calcul de l'écart-type de la moyenne
SE<-sqrt(1/(sum(w)))
#Ratio estimé
R<-exp(MEF))
#Calcul des bornes inférieures et supérieures de l'in-
tervalles de confiance à 95%
R_lb<-exp(MEF-1.96*SE)
R_ub<-exp(MEF+1.96*SE)
```

Estimation de la taille d'effet moyenne avec un modèle à effets aléatoires

Lorsqu'il y a hétérogénéité, l'hypothèse faite par le modèle précédent n'est pas réaliste ; on ne peut pas considérer que les différentes études partagent toutes une taille d'effet unique μ. Dans ce cas, il est préférable d'utiliser un modèle à effets aléatoires, défini par :

$$L_i = \mu + b_i + \varepsilon_i$$

où L_i est la taille d'effet estimée pour l'étude i (ex. : log ratio), μ est l'espérance des tailles d'effet à travers l'ensemble des études de la population considérée, b_i est un effet aléatoire étude qui décrit la différence entre la taille d'effet de l'étude i ($\mu + b_i$) et l'espérance μ, ε_i est la différence entre L_i et $\mu + b_i$ (erreur résiduelle). Avec ce modèle, chaque étude a une vraie taille d'effet (inconnue) égale à $\mu + b_i$. Ce modèle inclut un terme fixe (μ) et trois termes aléatoires (b_i, ε_i et L_i). Leurs variances sont égales à :

$$\mathrm{var}\left(b_i\right) = \sigma_b^2$$
$$\mathrm{var}\left(\varepsilon_i\right) = \sigma_i^2$$
$$\mathrm{var}\left(L_i\right) = \sigma_b^2 + \sigma_i^2$$

Le principe de ce modèle à effets aléatoires est présenté schématiquement sur la figure 6.3.

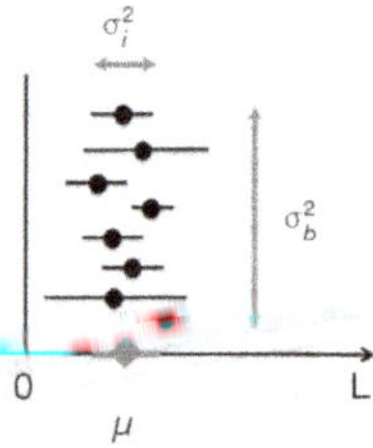

Figure 6.3. Schéma illustrant le principe du modèle à effets aléatoires. Les points noirs correspondent aux études individuelles. Le losange rouge correspond à l'estimation de l'espérance des tailles d'effet. Les barres horizontales représentent les intervalles de confiance à 95 %.

Comme avec le modèle précédent, la première étape consiste à calculer les tailles d'effet individuelles L_i (ex. : les log ratios) et leurs variances σ_i^2 à partir des données extraites des études individuelles. Les P tailles individuelles sont ensuite utilisées pour estimer les deux paramètres inconnus du modèle, μ et σ_b^2. Deux méthodes sont souvent utilisées pour estimer σ_b^2 ; la méthode de DerSimonian et Laird, et la méthode du maximum de vraisemblance restreint. La première méthode (méthode des moments) est non itérative et consiste à appliquer la formule suivante :

$$\sigma_{est,b}^2 = \frac{Q - (P-1)}{\displaystyle\sum_{i=1}^{P} w_i - \frac{\displaystyle\sum_{i=1}^{P} w_i^2}{\displaystyle\sum_{i=1}^{P} w_i}} \ , \ \text{avec } w_i = \frac{1}{\sigma_i^2}$$

où Q est la même quantité que celle utilisée pour tester l'homogénéité des tailles d'effet (voir ci-dessus).

La seconde méthode est la méthode du maximum de vraisemblance restreint. Elle est itérative et peut être appliquée avec des logiciels statistiques, par exemple avec la fonction **rma** du package **metafor** (Viechtbauer, 2010). Cette seconde méthode peut donner des résultats plus précis et est de plus en plus souvent appliquée en pratique.

Le paramètre μ est estimé en faisant une moyenne pondérée des tailles d'effet individuelles $\mu_{est}^{EA} = \dfrac{\sum\limits_{i=1}^{P} w_i L_i}{\sum\limits_{i=1}^{P} w_i}$, avec $w_i = \dfrac{1}{\sigma_b^2 + \sigma_i^2}$. Notez que le poids w_i est différent de celui utilisé avec le modèle sans effet aléatoire ; il dépend de deux variances, celle de b_i et celle de ε_i. Si la variance de b_i tend vers zéro, les deux modèles conduisent au même résultat ($\mu_{est}^{EA} = \mu_{est}^{EF}$). Si la variance de b_i tend vers l'infini, les poids w_i deviennent tous approximativement égaux ($w_i \rightarrow \dfrac{1}{\sigma_b^2}$) et μ est estimé par la moyenne simple des tailles d'effet individuelles ($\mu_{est}^{EA} \rightarrow \dfrac{\sum\limits_{i=1}^{P} L_i}{P}$). En pratique, la variance de b_i prend une valeur entre ces deux cas extrêmes.

Exemple. Ratios des rendements en systèmes de cultures biologiques et conventionnels (suite)

La valeur de l'espérance du log ratio estimée avec le modèle à effets aléatoires décrit ci-dessus est égale à − 0,25 et son écart-type est égal à 0,054, lorsque la méthode de DerSimonian et Laird est utilisée. L'espérance estimée est donc similaire à la taille d'effet moyenne estimée avec le modèle sans effet aléatoire, mais l'écart-type de l'estimateur est beaucoup plus grand. Cette valeur plus élevée de l'écart-type conduit à un intervalle de confiance plus large. Le ratio de rendement estimé avec le modèle à effets aléatoires est égal à 0,78, et son intervalle de confiance à 95 % beaucoup plus large [0,70, 0,87] que celui obtenu avec le modèle sans effet aléatoire. Ce résultat indique que l'incertitude est sous-estimée lorsqu'un modèle sans effet aléatoire est utilisé dans une situation de forte hétérogénéité. Les résultats du modèle à effets aléatoires indiquent que la perte de rendement est vraisemblablement comprise entre 13 et 30 %.

La méthode du maximum de vraisemblance restreinte mise en œuvre avec **lme** conduit à un intervalle de confiance proche de celui obtenu avec la méthode des moments [0,73, 0,85], et à une valeur estimée de ratio identique (0,78).

Voici le code R utilisé :

```
##Methode de Dersimonian et Laird##
#Estimation de la variance inter-étude
```

```r
Vb<-(Q-(length(L)-1))/(sum(w)-(sum(w^2)/sum(w)))
#Calcul des poids
wT<-1/(TAB$Var_lnR+Vb)
#Estimation de la taille d'effet moyenne
MEF<-sum(wT*L)/sum(wT)
#Estimation de l'écart-type de la taille d'effet esti-
mée
SE<-sqrt(1/(sum(wT)))
#Ratio estimé
R<-exp(MEF))
#Bornes inférieures et supérieures de l'intervalle de
confiance (95%)
R_lb<-exp(MEF-1.96*SE)
R_ub<-exp(MEF+1.96*SE)
##Utilisation de la fonction lme du package nlme##
library(nlme)
#Définition de la structure des données avec la fonc-
tion groupedData
#La variable observée est lnR et les données sont
groupées selon la variable Study
Data<-groupedData(lnR~1|Study, data=TAB)
#Estimation des paramètres avec lme
Fit<-lme(lnR~1, random = ~ 1, data=Data, weight=
varFixed(~Var_lnR),
method="REML")
summary(Fit)
#Ratio estimé et intervalle de confiance (95%)
R<-exp(Fit$coefficients$fixed)
R_lb<-exp(Fit$coefficients$fixed-1.96*sqrt(Fit$varFix))
R_ub<-exp(Fit$coefficients$fixed+1.96*sqrt(Fit$varFix))
```

Les variances résiduelles σ_i^2, $i = 1, \ldots, P$, ne sont pas estimées exactement de la même manière avec la méthode de DerSimonian et Laird et avec la fonction **lme** de R. Avec la méthode de DerSimonian et Laird, la valeur de chaque σ_i^2 est estimée

par $\sigma_i^2 = \sigma_{Li}^2 = \dfrac{\sigma_{Ci}^2}{n_{Ci}\overline{X}_{Ci}^2} + \dfrac{\sigma_{Ei}^2}{n_{Ei}\overline{X}_{Ei}^2}$ (Hedges *et al.*, 1999), c'est-à-dire par une

quantité calculée directement à partir des données disponibles pour l'étude i. Avec la fonction **lme** et l'argument **weight=varFixed**, les variances résiduelles

σ_i^2 sont supposées être proportionnelles aux valeurs de $\sigma_{Li}^2 = \dfrac{\sigma_{Ci}^2}{n_{Ci}\overline{X}_{Ci}^2} + \dfrac{\sigma_{Ei}^2}{n_{Ei}\overline{X}_{Ei}^2}$,

c'est-à-dire $\sigma_i^2 = K\sigma_{Li}^2$, où K est un paramètre estimé par **lme**. Cette différence de définition peut expliquer une partie de la différence entre les résultats de la méthode de DerSimonian et Laird et ceux obtenus avec **lme**.

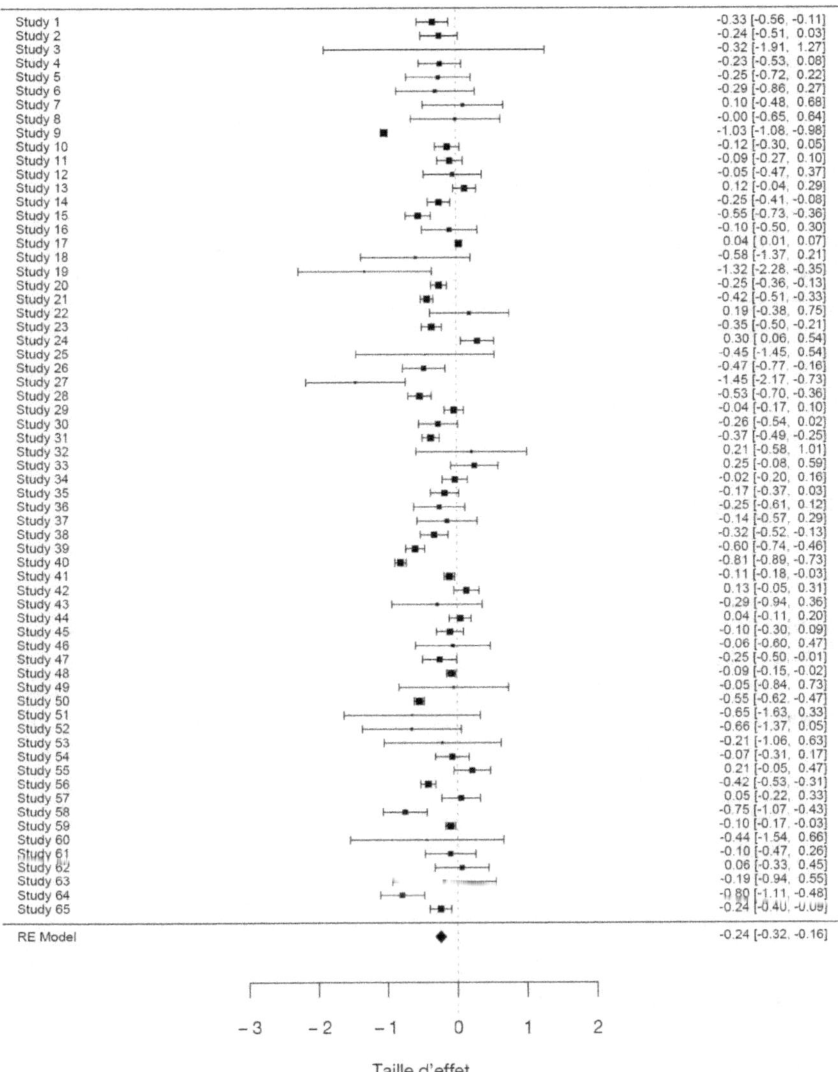

Figure 6.4. Tailles d'effet individuelles des 65 études (log ratio des rendements biologiques *vs* conventionnels), intervalles de confiance associés, et taille d'effet moyenne estimée avec un modèle à effets aléatoires (losange en bas du graphique et intervalle de confiance associé à droite). Ces résultats ont été générés avec la fonction **rma** du package R **metafor** (method="REML").

La méthode du maximum de vraisemblance restreint peut être appliquée avec $\sigma_i^2 = \sigma_{Li}^2$ (et non pas $\sigma_i^2 = K\sigma_{Li}^2$) en utilisant la fonction **rma** du package **metafor** (Viechtbauer, 2010). Le code R permettrant d'utiliser **rma** est le suivant :

```
library(metafor)
Fit<-rma(yi=Data$lnR, vi=Data$Var_lnR, method="REML")
```

```
summary(Fit)
R<-exp(Fit$b)
R_lb<-exp(Fit$ci.lb)
R_ub<-exp(Fit$ci.ub)
```

Dans notre exemple, les résultats sont les mêmes que ceux obtenus avec **lme**. Cependant, un des avantages du package **metafor** est qu'il permet de faire de nombreuses analyses et de présenter les résultats à l'aide de graphiques élégants. Ainsi, la fonction **rma** permet également d'estimer la taille d'effet moyenne à l'aide de la méthode de DerSimonian et Laird. Il suffit pour cela de remplacer **method=''REML''** par **method=''DL''**. La fonction **forest** de **metafor** permet de présenter à la fois les tailles d'effet individuelles (comme dans la figure 6.2), les intervalles de confiance associés, et la taille d'effet moyenne estimée avec l'ensemble des études sur une seule figure (figure 6.4).

Métarégression

Objectif

L'objectif de la métarégression est d'expliquer une partie de la variabilité inter-études (appelée hétérogénéité) d'une variable d'intérêt (en général, une taille d'effet) en utilisant une ou plusieurs covariables décrivant les caractéristiques des études individuelles. Comme en régression classique, ces covariables peuvent être continues (ex. : bilan hydrique, profondeur du sol) ou non (ex. : variété, type de climat). Les données extraites des études individuelles sont utilisées pour estimer les paramètres d'un modèle de régression reliant la variable « taille d'effet » aux covariables. Pour une covariable continue, le modèle permet de calculer l'effet d'une augmentation d'une unité de la covariable sur la taille d'effet. Pour une covariable catégorielle, le modèle de régression permet d'estimer la valeur de la taille d'effet pour des sous-groupes d'études correspondant aux différentes catégories. Les paramètres de la régression peuvent être estimés avec des modèles statistiques avec ou sans effet aléatoire.

Exemple

Nous présentons ici un exemple composé d'un jeu de données virtuel incluant les résultats de huit études comportant une covariable continue (X_1), et une covariable binaire (X_2 = 0, 1). Chacune des huit études reporte une taille d'effet estimée, son écart-type (SE), une valeur de X_1 et une valeur de X_2. Cet exemple est inspiré d'une vraie méta-analyse présentée dans Van den Putte *et al.* (2010). La taille d'effet correspond au ratio du rendement obtenu sans travail du sol et du rendement obtenu après un travail du sol conventionnel, SE est l'écart-type de ce ratio, la covariable X_1 correspond à un bilan hydrique (mm), X_2 est une variable binaire indiquant le type de culture (0 pour céréale d'hiver, 1 pour céréale de printemps).

Le fichier de données se présente de la façon suivante (« Effet » représente le ratio de rendement, et « SE » correspond à son écart-type) :

	X1	X2	Effect	SE
1	-101	0	0.55	0.07
3	-75	0	0.59	0.05
2	-52	1	0.61	0.09
5	55	0	0.78	0.06
4	10	1	0.81	0.02
6	82	0	0.91	0.08
7	75	1	0.95	0.07
8	98	1	0.99	0.09

La figure 6.5A montre qu'il existe une variabilité importante des tailles d'effet entre les études. La statistique Q (Hedges *et al.*, 1999) est égale à 45. Sous l'hypothèse nulle que toutes les études partagent une même taille d'effet, la p-valeur (calculée à partir d'une distribution du Chi2 à sept degrés de liberté) est inférieure

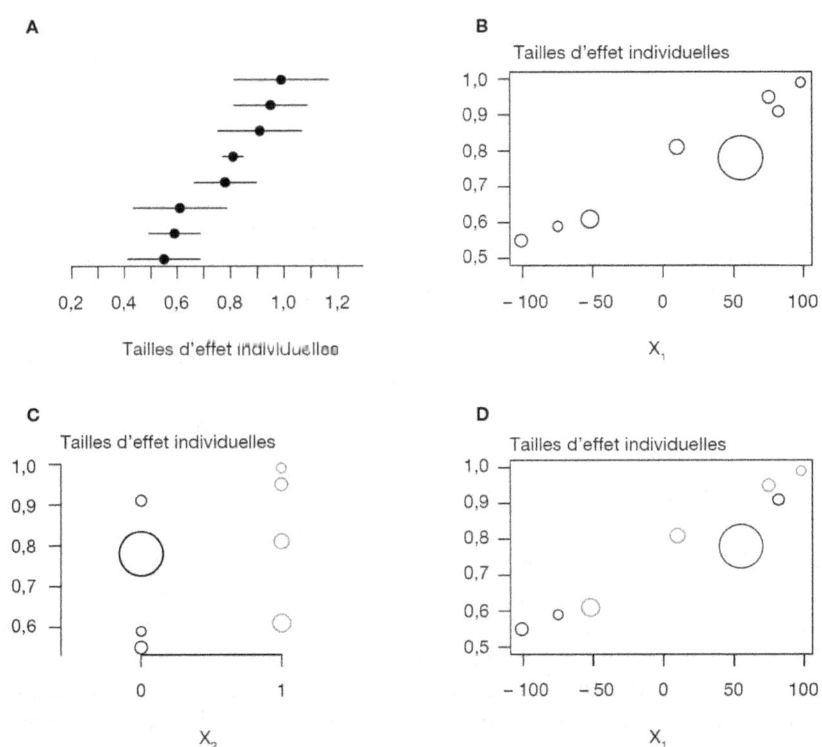

Figure 6.5. Description du jeu de données. (A) *Forest plot* présentant les tailles d'effet individuelles et leurs intervalles de confiance à 95 %. (B) *Bubble plot* présentant les tailles d'effet individuelles en fonction de X_1 (tailles des cercles proportionnelles à $1/SE$). (C) *Bubble plot* présentant les tailles d'effet individuelles en fonction de X_2. (D) *Bubble plot* présentant les tailles d'effet individuelles en fonction de X_1 et X_2 ($X_2 = 0$ correspond aux cercles noirs, $X_2 = 1$ correspond aux cercles rouges).

à 1,4 10^{-7}. La variabilité interétudes est donc très significative. Il est donc raisonnable de considérer que la variabilité interétudes présentée sur la figure 6.5A n'est pas due aux erreurs d'estimation des tailles d'effet individuelles mais reflète une vraie variabilité entre études. D'après cette figure, il semble possible d'expliquer une part importante de cette hétérogénéité par les valeurs de X_1 (figure 6.5B) ; les tailles d'effet individuelles semblent fortement corrélées à X_1. La relation entre la taille d'effet et X_2 est moins évidente (figure 6.5CD). Nous montrons ci-dessous comment tester formellement l'existence d'une relation entre la taille d'effet et X_1 et X_2 par métarégression.

Modèles de régression avec et sans effet aléatoire

La métarégression peut être mise en œuvre avec des modèles à effets fixes ou avec des modèles à effets aléatoires. Un modèle à effets fixes est approprié lorsque les covariables expliquent la totalité de la variabilité entre études. Au contraire, un modèle à effets aléatoires doit être utilisé lorsque seulement une partie de cette variabilité est expliquée par les covariables incluses dans le modèle de régression (Borenstein *et al.*, 2009 ; Mergensen *et al.*, 2013 ; Thompson et Higgins, 2002).

Le modèle de régression linéaire gaussien à effets fixes est défini par :

$$y_i = \beta_0 + \sum_{k=1}^{p} \beta_k x_{ki} + \varepsilon_i \text{, avec } \varepsilon_i \sim N(0, \sigma_i^2).$$

β_0 est l'intercept, β_k, $k = 1, \ldots, p$, sont les p coefficients de régression, y_i est la taille d'effet de l'étude i, x_{ki} est la valeur de la k^e covariable de l'étude i, ε_i est le terme résiduel aléatoire, et σ_i est l'écart-type pour l'étude i, $i = 1, \ldots, n$. En métarégression, les valeurs des écarts-types intra-études σ_i sont supposées connues et égales aux écarts-types des tailles d'effet individuelles obtenues lors de l'étape d'extraction des données. Les paramètres β_0 et β_k, $k = 1, \ldots, p$, peuvent être alors estimés par moindres carrés pondérés en utilisant, par exemple, la fonction **glm** de R.

Le modèle de régression linéaire gaussien à effets aléatoires est défini par :

$$y_i = \beta_0 + \sum_{k=1}^{p} \beta_k x_{ki} + b_i + \varepsilon_i \text{, avec } b_i \sim N(0, \tau^2) \text{ et } \varepsilon_i \sim N(0, \sigma_i^2).$$

Ce modèle inclut un effet étude aléatoire, b_i, de variance τ^2. Cet effet étude décrit la fraction de la variabilité interétudes qui reste inexpliquée par les p covariables prises en compte par le modèle de régression. Comme pour le modèle à effets fixes, les valeurs des écarts-types intra-études σ_i sont généralement supposées connues. Par contre, la variance interétudes τ^2 doit être estimée à partir des données. En pratique, la variance τ^2 peut être estimée par maximum de vraisemblance restreint et β_0, β_k, $k = 1, \ldots, p$, par la méthode des moindres carrés généralisés (Lindstrom et Bates, 1988) en utilisant par exemple la fonction **lme** de R (package **nlme**, Pinheiro et Bates, 2000).

Différentes approches peuvent être utilisées pour choisir entre un modèle à effets fixes ou un modèle à effets aléatoires. Une première approche consiste à ajuster d'abord un modèle à effets fixes et à tester la variabilité interétudes résiduelles en utilisant, par exemple, un test statistique basé sur la somme des carrés des résidus du modèle (Borestein *et al.*, 2009). Ce test est une version adaptée du test Q décrit ci-dessus. Une autre approche consiste à ajuster les deux types de modèles et à les comparer en utilisant différents critères de choix de modèle, par exemple le critère d'information d'Akaike (AIC).

Le modèle à effets aléatoires décrit ci-dessus constitue une extension du modèle présenté dans la section « Estimation de la taille d'effet moyenne avec un modèle à effets aléatoires » pour la méta-analyse classique. En effet, si on supprime les covariables du modèle, on retrouve le modèle défini dans le cadre de la méta-analyse classique :

$y_i = \beta_0 + b_i + \varepsilon_i$, avec $b_i \sim N(0, \tau^2)$ $\varepsilon_i \sim N(0, \sigma_i^2)$, où β_0 est la taille d'effet moyenne. Le modèle de régression linéaire gaussien à effets aléatoires décrit ci-dessus peut être complexifié en définissant les coefficients de régression β_k, $k = 1, ..., p$, comme des variables aléatoires. Dans ce cas, l'effet des covariables est supposé varier entre études. Cela revient à considérer qu'il existe des interactions entre les effets des études et les effets des covariables.

Le modèle linéaire gaussien présenté ci-dessus peut être utilisé dans de nombreuses situations, mais il n'est pas toujours bien adapté pour analyser les tailles d'effet définies à partir de données de comptage (ex. : incidence de maladie, présence/absence d'un organisme nuisible dans une parcelle agricole) comme les odds ratios. Dans ce cas, il est recommandé d'utiliser des modèles linéaires généralisés (avec ou sans effet aléatoire). Voir par exemple Makowski *et al.* (2014b). Le modèle linéaire gaussien n'est pas non plus toujours adapté lorsque les covariables sont reliées à la taille d'effet de manière non linéaire. Dans ce cas, il peut être préférable d'utiliser des modèles de régression non linéaire, avec ou sans effet aléatoire. Voir par exemple Philibert *et al.* (2012b).

Exemple (suite)

Nous développons ici des méta-modèles pour expliquer une partie de la variabilité des tailles d'effet individuelles présentées dans la figure 6.5A en utilisant les covariables X_1 et X_2. Dans un premier temps, trois modèles de régression à effets fixes sont ajustés aux données :
– le modèle M1 reliant la taille d'effet à X_1, défini par $y_i = \beta_0 + \beta_1 X_{1i} + \varepsilon_i$;
– le modèle M2 reliant la taille d'effet à X_2, défini par $y_i = \beta_0 + \beta_2 X_{2i} + \varepsilon_i$;
– le modèle M3 reliant la taille d'effet à X_1 et X_2, défini par $y_i = \beta_0 + \beta_1 X_{1i} + \beta_2 X_{2i} + \varepsilon_i$.

Les résultats des trois modèles sont présentés sur la figure 6.6ABC. La figure 6.6A montre le résultat de l'ajustement de M1. La valeur estimée de β_1 est égale à 0,002 (p < 0,01), indiquant que la taille d'effet augmente de 0,002 pour chaque unité supplémentaire de X_1 (bilan hydrique). Comme X_2 est binaire, le résultat de l'ajustement de M2 ne se présente pas sous la forme d'une courbe, mais correspond à deux valeurs moyennes de taille d'effet, une valeur pour $X_2 = 0$ (égale à β_0) et une valeur pour $X_2 = 1$ (égale à $\beta_0 + \beta_2$) (figure 6.6B). La différence entre ces deux valeurs n'est pas significative (p > 0,1). Le modèle M3 génère deux droites de régression, une pour $X_2 = 0$ et une autre pour $X_2 = 1$ (figure 6.6C). Les deux droites ont une pente β_1 égale à 0,0019 (p < 0,01) et, avec ce modèle, l'effet de la covariable X_2 est significatif (p < 0,05).

Un test statistique basé sur la somme pondérée des résidus est réalisé pour chaque modèle pour déterminer si une partie de la variabilité interétudes reste inexpliquée par les covariables. Les p-valeurs sont égales à 0,6, 3,2 10⁻⁵, et 0,87 avec M1, M2, et M3 respectivement. Ces résultats montrent que M1 et M3 sont capables d'expliquer la quasi-totalité de la variabilité interétudes, mais pas M2 qui ne prend en compte que X_2.

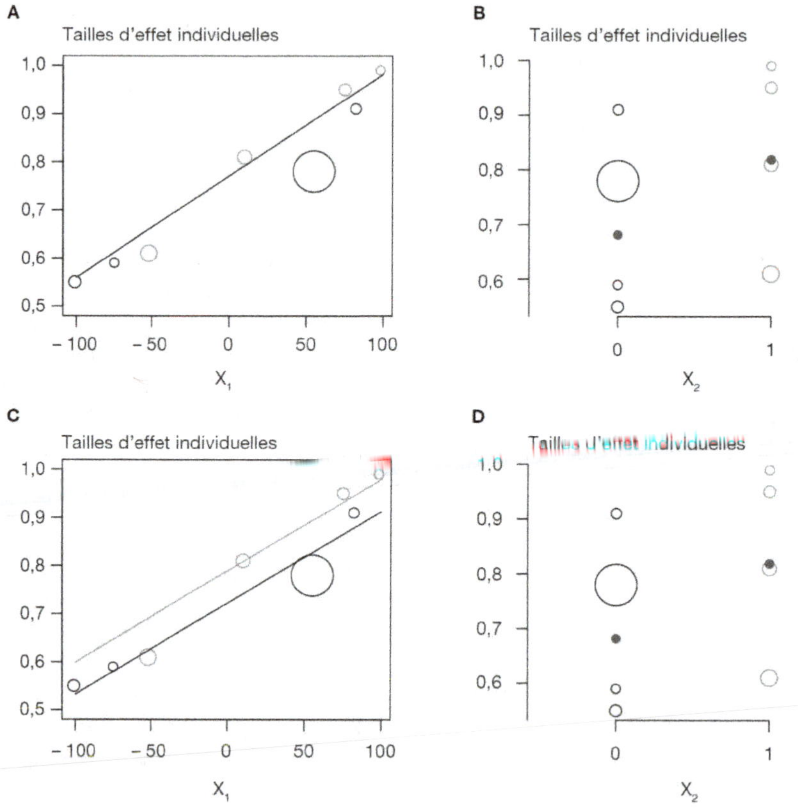

Figure 6.6. Métamodèles ajustés aux données issues des huit études. *Bubble plots* montrant les tailles d'effet individuelles en fonction de la covariable X_1 (A, C), de la covariable X_2 (B, C). La taille des cercles est proportionnelle à 1/SE. $X_2 = 0$ correspond aux cercles noirs, $X_2 = 1$ correspond aux cercles rouges. (A) La ligne noire montre le métamodèle à effets fixes incluant la covariable X_1. (B) Les points bleus indiquent les tailles d'effet moyennes estimées pour $X_2 = 0$ et $X_2 = 1$ en utilisant un modèle à effets fixes. (C) Les lignes noires et rouges montrent le métamodèle à effets fixes incluant à la fois X_1 et X_2 ($X_2 = 0$ en noir, $X_2 = 1$ en rouge). (D) Les points bleus indiquent les tailles d'effet moyennes estimées pour $X_2 = 0$ et $X_2 = 1$ en utilisant un modèle de régression à effets aléatoires.

Ces résultats montrent que l'utilisation d'un modèle à effets aléatoires n'est pas totalement justifiée ici. Cependant, à titre d'illustration, nous avons développé un modèle à effets aléatoires (M4) incluant la covariable X_2 et défini par $y_i = \beta_0 + \beta_2 X_{2i} + b_i + \varepsilon_i$, où $b_i \sim N(0,\tau^2)$ et $\varepsilon_i \sim N(0,\sigma_i^2)$. Comme M2, le modèle M4 génère deux valeurs moyennes de taille d'effet, une valeur pour $X_2 = 0$ (égale à β_0) et une valeur pour $X_2 = 1$ (égale à $\beta_0 + \beta_2$) (figure 6.6D). Ces deux valeurs sont très proches de celles obtenues avec M2 (figure 6.6B).

Voici le code R utilisé :

```
#Ajustement des modèles à effets fixes avec la fonction
glm
#W est un vecteur incluant les poids associés aux don-
nées Y (inverse de la variance)
W<-1/V
mod4<-glm(Y~X2,weights=W)
summary(mod4)
#Ajustement des modèles à effets aléatoires avec la
fonction lme du package nlme
Data<-groupedData(Y~X1+X2|Studies)
mod4RE<-lme(Y~X2, random=~1,weights=varFixed(~V),
data=Data)
summary(mod4RE)
```

Comme nous l'avons mentionné dans la section « Estimation de la taille d'effet moyenne avec un modèle à effets aléatoires », il n'est pas facile de fixer les variances résiduelles à des valeurs prédéfinies avec la fonction **lme**. Lorsque l'argument **weight=varFixed(~V)** est utilisé dans **lme**, les variances résiduelles σ_i^2 sont supposées être proportionnelles aux valeurs de variances issues des études individuelles, mais pas strictement égales. Il est possible de fixer les variances résiduelles à des valeurs prédéfinies en utilisant la fonction **rma** du package **metafor** à l'aide du code R suivant :

```
Mod4rma<-rma(yi=Y, vi=V, mods=~factor(X2),method="REML")
summary(mod2rma)
```

Les résultats obtenus avec **lme** et **rma** sont proches. Les valeurs estimées de β_0 et de β_2 sont respectivement égales à 0,68 et 0,14 avec **lme**, et à 0,70 et 0,14 avec **rma** (methode REML). L'effet de X_2 n'est pas significatif, aussi bien avec **lme** qu'avec **rma**.

Analyse critique des résultats

L'analyse critique des résultats comporte plusieurs aspects. Le premier concerne le choix des études. Il est important de s'assurer que la procédure de revue bibliographique systématique a été correctement mise en œuvre. En particulier, il est important que les procédures de recherche et de sélection des études soient décrites de manière transparente, et que les critères de sélection utilisés ne soient pas susceptibles de générer un biais dans les conclusions. Certains journaux scientifiques (ex. : *PLoS ONE* ou *Environmental Evidence*) ont des niveaux d'exigence élevés en matière de traçabilité des études sélectionnées. Ces exigences contribuent à augmenter la qualité des revues systématiques et des méta-analyses produites par les scientifiques.

Même lorsque la revue systématique a été bien réalisée, il est possible que certaines études présentant des caractéristiques particulières aient été exclues du processus de publication. Une telle exclusion peut générer un biais spécifique, souvent appelé « biais de publication ». Ce biais existe dès lors que, du fait des imperfections du processus de diffusion des résultats de recherche, les tailles d'effet prises en compte dans la méta-analyse conduisent à des conclusions différentes de celles qu'on aurait obtenues en tenant compte de toutes les tailles d'effet correctement calculées (Koricheva *et al.*, 2013). Un tel biais peut être induit notamment par la non-publication des effets non statistiquement significatifs ; ces données manquantes peuvent résulter d'une autocensure de la part des auteurs ou d'un rejet des résultats non significatifs de la part des revues scientifiques (comportement très contestable mais courant).

Une approche souvent utilisée pour détecter l'existence d'un biais de publication consiste à tracer un graphique particulier appelé *funnel plot*. Ce type de graphique représente les tailles d'effet des études individuelles en abscisse et les niveaux de précision des tailles d'effet (inverses des tailles d'échantillon, inverses des variances, ou inverses des écarts-types des tailles d'effet) en ordonnée. Dans un *funnel plot*, les études les plus précises sont en haut du graphique et les études les moins précises apparaissent en bas. En l'absence de biais de publication, le graphique est symétrique par rapport à la taille d'effet moyenne. Un biais de publication aura par contre tendance à générer un *funnel plot* asymétrique caractérisé par des tailles d'effet manquantes en bas du graphique, en général du côté opposé à l'effet recherché. Ainsi, si l'effet recherché est positif, une méta-analyse présentant un biais de publication sera caractérisée par un *funnel plot* présentant des tailles d'effet plus extrêmes en bas à droite et des tailles d'effet moins extrêmes en bas à gauche. Un tel biais conduira à une surestimation de la taille d'effet moyenne. L'asymétrie peut être testée statistiquement avec la méthode dite d'Egger (Koricheva *et al.*, 2013). Cette méthode consiste à ajuster une régression entre, d'une part, la taille d'effet normalisée (taille d'effet divisée par son écart-type) et, d'autre part, la précision de la taille d'effet (l'inverse de l'écart-type de la taille d'effet). Un biais de publication est détecté si la valeur de l'intercept de la droite de régression est significativement différente de zéro.

En plus des points de vigilance mentionnés ci-dessus, il est nécessaire d'évaluer avec soin la validité des hypothèses des modèles statistiques utilisés. La question du choix entre modèle à effets fixes et modèle à effets aléatoires se pose souvent en méta-analyse. Le test Q présenté ci-dessus donne des éléments utiles pour justifier ce choix. En plus du test Q, il est recommandé de comparer les résultats de différents types de modèles afin de déterminer si le choix d'un modèle particulier a une influence sur les conclusions de la méta-analyse (Hossard *et al.*, 2016). Le critère AIC peut également être utilisé pour orienter le choix du modèle statistique. En plus de ce type de critère, le choix du modèle doit également être fait en tenant compte du contexte dans lequel est réalisée la méta-analyse. Si une forte

La figure **6.7** présente un *funnel plot* décrivant les tailles d'effet (log ratio, en abscisse) et les précisions de ces tailles d'effet (inverse de l'écart-type, en ordonnée). La relation entre la taille d'effet normalisée et la précision n'est pas significative ($p > 0{,}1$). Les calculs ont été réalisés avec le code R suivant :

```
LogRatio<-TAB$lnR
Precision<-1/sqrt(TAB$Var_lnR)
plot(LogRatio,Precision, xlab="log ratio",
ylab="Precision")
abline(v=Fit$coefficients$fixed)
LRnorm<-LogRatio*Precision
summary(lm(LRnorm~Precision))
```

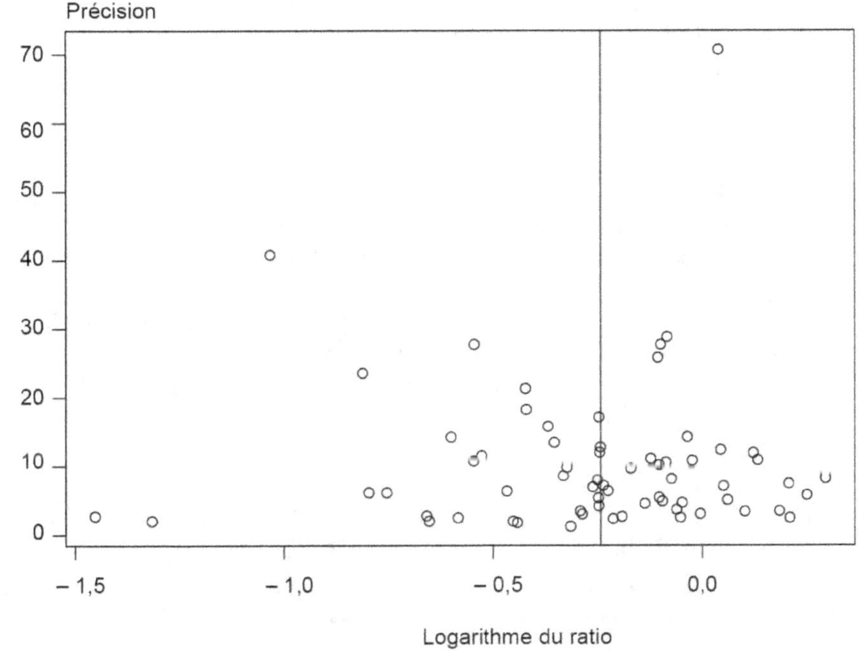

Figure 6.7. *Funnel plot* pour l'exemple des ratios de rendement. Chaque point correspond à une étude. La barre verticale indique la taille d'effet moyenne estimée avec la fonction **lme** de R.

hétérogénéité est suspectée entre études, il peut s'avérer judicieux d'utiliser par défaut un modèle à effets aléatoires pour analyser de manière quantitative la variabilité interétudes.

L'analyse des résidus est particulièrement recommandée lorsqu'une métarégression est réalisée. Ce type d'analyse permet d'étudier la validité des hypothèses du modèle de régression ajusté aux données, notamment les hypothèses de linéarité et celles portant sur la distribution des résidus. Il est également recommandé de détecter l'existence de données ou d'études influentes. Pour cela, des approches de type *jacknife* sont utiles (Philibert *et al.*, 2012a) ; elles consistent à retirer les études (ou données) une à une et à réestimer les quantités d'intérêt sans l'étude (ou la donnée) retirée.

Philibert *et al.* (2012a) ont proposé une liste de huit critères permettant d'évaluer la qualité des méta-analyses :
– une procédure répétable de sélection des études est présentée ;
– la liste complète des études sélectionnées est fournie ;
– la variabilité interétudes des tailles d'effet est analysée ;
– la sensibilité des conclusions à la méthode statistique et aux données est analysée ;
– les études ont été pondérées par leur précision ;
– le biais de publication a été analysé ;
– les données sont accessibles ;
– le code informatique est accessible.

Cette liste permet de vérifier rapidement que les principaux critères de qualité ont été satisfaits lors de la réalisation de la méta-analyse.

Références

Anses, 2016. Évaluation du poids des preuves à l'Anses : revue critique de la littérature et recommandations à l'étape d'identification des dangers. Rapport du groupe de travail « Méthodes pour l'évaluation des risques ».

Bates D., Maechler M., Bolker B., Walker S. 2015. Fitting linear mixed-effects models using lme4. *Journal of Statistical Software*, 67, 1-48.

Borenstein M., Hedges L.V., Higgins J.P.T., Rothstein H.R., 2009. *Introduction to meta-analysis*, Chapter 20, Wiley.

Chalmers I., Hedges L.V., Cooper H., 2002. A brief history of research synthesis. *Eval. Health Prof.*, 25 (1),12-37.

Duval S., Tweedie R., 2000. Trim and fill: a simple funnel-plot-based method of testing and adjusting for publication bias in meta-analysis. *Biometrics*, 56, 455-463.

Efsa, 2010. Application of systematic review methodology to food and feed safety assessments to support decision making. *EFSA Journal*, 8 (6), 1637.

Glass G.V., 1976. Primary, secondary and meta-analysis of research. *Educational Researcher*, 10, 3-8.

Hedges L.V., Olkin I., 1985. *Statistical methods for meta-analysis*, Academic Press, Orlando, FL.

Hedges L.V., Gurevitch J., Curtis P.S., 1999. The meta-analysis using response ratios in experimental ecology. *Ecology*, 80, 1150-1156.

Hossard L., Archer D.W., Bertrand M., Colnenne-David C., Debaeke P., Erfors M., Jensen E.S., Jeuffroy M.H., Munier-Jolain N., Nilsson C., Sanford G.R., Snapp S.S., Makowski D., 2016. A meta-analysis of maize and wheat yields in low-Input vs. conventional and organic systems. *Agronomy Journal*, 108, 1155-1167.

Ioannidis J.P.A., 2005. Why most published research findings are false. *PLoS Med.*, 2 (8), e124.

Koricheva J., Gurevitch J., Mengersen K. (eds), 2013. *Handbook of Meta-Analysis in Ecology and Evolution*, Princeton University Press.

Lajeunesse M.J., 2016. Facilitating systematic reviews, data extraction and meta-analysis with the metagear package for R. *Methods in Ecology and Evolution*, 7, 323-330.

Lindstrom M.J., Bates D.M., 1988. Newton-Raphson and EM algorithms for linear mixed-effects models for repeated-measures data. *Journal of the American Statistical Association*, 83, 1014-1022.

Makowski D., Nesme T., Papy F., Doré T., 2014a. Global agronomy, a new field of research. *Agronomy for Sustainable Development*, 34, 293-307.

Makowski D., Vicent A., Pautasso M., Stancanelli G., Rafoss T., 2014b. Comparison of statistical models in a meta-analysis of fungicide treatments for the control of citrus black spot caused by *Phyllosticta citricarpa*. *European journal of plant pathology*, 139, 79-94.

Mengersen K., Schmid C.H., Jennions M.D., Gurevitch J., 2013. Statistical models and approaches to inference. *In : Handbook of Meta-Analysis in Ecology and Evolution* (Koricheva J., Gurevitch J., Mengersen K., eds), Princeton University Press, 89-108.

Pearson K., 1904. Report on certain enteric fever inoculation statistics. *British Medical Journal*, 3, 1243-1246.

Philibert A., Loyce C., Makowski D., 2012a. Assessment of the quality of the meta-analysis in agronomy. *Agriculture, Ecosystem and Environment*, 148, 72-82.

Philibert A., Loyce C., Makowski D., 2012b. Quantifying uncertainties in N2O emission due to N fertilizer application in cultivated areas. *PLoS One*, 7 (11), e50950. doi:10.1371/journal.pone.0050950.

Pinheiro J.C., Bates D.M., 2000. *Mixed-effects models in S and S-PLUS*, Springer.

Seufert V., Ramankutty N., Foley J.A., 2012. Comparing the yields of organic and conventional agriculture. *Nature*, 485, 229-232.

Sutton A.J., Abrams K.R., Jones D.R., Sheldon T.A., Song F., 2000. *Methods for Meta-Analysis in Medical Research*, Wiley, New York, USA.

Thompson S.G., Higgins J.P.T., 2002. How should meta-regression analyses be undertaken and interpreted. *Statistics in Medicine*, 21, 1559-1573.

Van den Putte A., Govers G., Diels J., Gillijns K., Demuzere M., 2010. Assessing the effect of soil tillage on crop growth: a metaregression analysis on European crop yields under conservation agriculture. *Eur. J. Agron.*, 33 (3), 231-241.

Viechtbauer W., 2010. Conducting meta-analyses in R with the metafor package. *Journal of Statistical Software*, 36, 1-48, http://www.jstatsoft.org/v36/i03/ (consulté le 28/05/2018).

Yates F., Crowther E.M., 1941. Fertilizer policy in wartime: The fertilizer requirements of arable crops. *Empire Journal of Experimental Agriculture*, 9, 77-97.

Yu Y., Stomph T.-J., Makowski D., van der Werf W., 2015. Temporal niche differentiation increases the land equivalent ratio of annual intercrops: A meta-analysis. *Field Crop Research*, 184, 133-144.

7

Problèmes statistiques spécifiques pour la méta-analyse

Définition de la taille d'effet

La définition de la taille d'effet et son estimation étude par étude constituent des étapes importantes dans la réalisation d'une méta-analyse. Dans le chapitre 6, la taille d'effet était définie par le log ratio de la moyenne des observations du traitement E et de la moyenne des observations du contrôle C. Nous présentons ici d'autres tailles d'effet qui peuvent s'avérer utiles dans certains contextes, et nous expliquons comment elles peuvent être estimées étude par étude.

Correction des biais liés à l'utilisation de ratios

L'utilisation du log ratio entre la moyenne dans un traitement expérimental E et la moyenne dans le contrôle C est fréquente en méta-analyse. Comme indiqué dans le chapitre 6, l'estimateur classique de cette taille d'effet est $L = \ln\left(\dfrac{\bar{X}_E}{\bar{X}_C}\right)$ et

l'estimation de la variance de l'estimateur est $\sigma_L^2 = \dfrac{\sigma_C^2}{n_C \bar{X}_C^2} + \dfrac{\sigma_E^2}{n_E \bar{X}_E^2}$.

Lorsque les tailles d'échantillons sont petites (c'est-à-dire lorsque le nombre de données pour calculer chacune des moyennes est faible), ces estimateurs sont biaisés. Il est possible de corriger ce biais en utilisant les variantes des estimateurs classiques, définis par Lajeunesse (2015) :

$$L_b = \ln\left(\frac{\bar{X}_E}{\bar{X}_C}\right) + \frac{1}{2}\left[\frac{\left(\sigma_E^2\right)}{n_E \bar{X}_E^2} - \frac{\left(\sigma_C^2\right)}{n_C \bar{X}_C^2}\right], \text{ avec } \sigma_{L_b}^2 = \sigma_L^2 + \frac{1}{2}\left[\frac{\sigma_E^4}{n_{E^2} \bar{X}_E^4} + \frac{\sigma_C^4}{n_{C^2} \bar{X}_C^4}\right].$$

L'interprétation de l'estimateur L_b est cependant moins évidente que celle de L, car L_b dépend également de la variance des observations et des tailles des échantillons ;

une valeur de L_b supérieure à 1 n'indique pas nécessairement que la moyenne des observations du traitement E est supérieure à celle du contrôle C.

Un autre problème concerne les corrélations entre deux log ratios basés sur la même moyenne $\overline{X}_C$. Cela arrive lorsqu'au moins deux traitements expérimentaux sont comparés au même contrôle dans une expérimentation. Ces log ratios ne peuvent pas être considérés comme indépendants lorsqu'ils partagent le même contrôle. Il est alors utile de tenir compte de la corrélation entre les log ratios basés sur les mêmes contrôles lors de l'analyse statistique. Les méthodes proposées par Lajeunesse (2011) permettent de le faire. Elles peuvent être appliquées à l'aide de la fonction **`covariance_commonControl()`** du package R **metagear** (Lajeunesse, 2016).

Différence entre moyennes d'observations

Outre le log ratio présenté dans le chapitre 6, l'effet d'un traitement sur une variable continue (ex. : rendement) peut être mesuré en calculant la différence entre la moyenne des observations du traitement E et celle des observations du contrôle C, c'est-à-dire en calculant $D = \overline{X}_E - \overline{X}_C$. Si l'écart-type théorique des mesures de X est le même dans C et E, l'écart-type de D peut être estimé par

$$S = \sqrt{\frac{(n_E - 1)S_E^2 + (n_C - 1)S_C^2}{n_E + n_C - 2}}, \text{ où } S_E \text{ et } S_C \text{ sont les écarts-types des mesures de}$$

X dans E et C, respectivement.

L'utilisation de D est justifiée lorsque les données des différentes études sont toutes exprimées dans la même échelle. Lorsque ce n'est pas le cas, il est préférable de standardiser D en le divisant par S et donc d'utiliser la taille d'effet d définie par $d = D/S$. Contrairement à D, la quantité d est sans unité. Son écart-type peut être

$$\text{estimé par } S_d = \frac{n_E + n_C}{n_E n_C} + \frac{d^2}{2(n_E + n_C)}.$$

La quantité d définie ci-dessus est biaisée (elle surestime l'effet du traitement lorsque l'échantillon est petit). Ce biais peut être corrigé en multipliant d par un facteur correctif. Cette correction conduit à la taille d'effet appelée couramment g (Hedges et Olkin, 1985) définie par $g = Jd$, avec $J = 1 - \dfrac{3}{4(n_E + n_C - 2) - 1}$.

L'écart-type de g est estimé par $S_g = JS_d$. Cependant, l'interprétation de g est assez délicate, car sa valeur dépend des moyennes des observations, de leurs écarts-types et des tailles des échantillons.

Tailles d'effet pour les données binaires

Il est fréquent que les données se présentent sous la forme de comptages représentant le nombre d'occurrences d'un événement d'intérêt. C'est notamment le cas lorsque l'objectif est d'analyser les résultats d'expérimentations testant un ou plusieurs traitements pour contrôler une maladie ou un ravageur. Dans ce cas, les données de chaque expérimentation se présentent sous la forme d'un tableau de contingence du même type que le tableau 7.1.

Tableau 7.1. Résultats hypothétiques d'une expérimentation visant à tester l'effet d'un traitement sur le nombre de plantes malades.

	Contrôle (plantes non traitées)	**Traitement expérimental** (plantes traitées)	
Nombre de plantes saines	$A = 5$	$B = 19$	$A + B = 24$
Nombre de plantes malades	$C = 15$	$D = 1$	$C + D = 16$
	$n_C = A + C = 20$	$n_E = B + D = 20$	

Il est possible de calculer différentes tailles d'effet pour mesurer l'efficacité d'un traitement à partir des données du tableau 7.1. Une première possibilité est d'estimer la différence des proportions de plantes malades. Celle-ci est définie par $DP = P_E - P_C = \dfrac{D}{n_E} - \dfrac{C}{n_C}$, et son écart-type est

$$\sigma_{DP} = \sqrt{\frac{P_E\left(1 - P_E\right)}{n_E} + \frac{P_C\left(1 - P_C\right)}{n_C}}.$$

Il est également possible de calculer le logarithme du rapport des proportions défini par $LRP = \ln\left(P_E \,/\, P_C\right) = \ln\left(\dfrac{D}{n_E} \,/\, \dfrac{C}{n_C}\right)$ et dont l'écart-type est

$$\sigma_{LRP} = \sqrt{\frac{P_E\left(1 - P_E\right)}{n_E P_E} + \frac{P_C\left(1 - P_C\right)}{n_C P_C}}.$$

L'odds ratio (rapport des chances, noté OR) est une autre taille d'effet souvent utilisée pour mesurer l'efficacité d'un traitement. L'odds ratio est égal au rapport entre l'odds pour le traitement E et l'odds pour le contrôle C : $OR = \dfrac{O_E}{O_C}$ avec $O_E = \dfrac{P_E}{\left(1 - P_E\right)}$ et $O_C = \dfrac{P_C}{\left(1 - P_C\right)}$.

Par exemple, avec les données du tableau 7.1, $P_E = 0{,}05$, $P_C = 0{,}75$, $O_E = 0{,}053$, $O_C = 3$. Cela signifie qu'il y a trois fois plus de chance qu'une plante soit malade qu'elle ne le soit pas dans le contrôle. La chance qu'une plante soit malade dans le traitement E représente un peu plus de 5 % de celle de ne pas l'être dans le contrôle C. On peut aussi dire qu'une plante a 19 fois plus de chance (0,95/0,05) de ne pas être malade que d'être malade dans le traitement E. L'odds ratio est égal à 0,053/3 = 0,018, ce qui indique qu'une plante a nettement moins de chance d'être malade dans le traitement E que dans le contrôle.

En général, on travaille avec le logarithme de OR. Il existe différentes formules pour estimer l'écart-type du logarithme de OR (LOR), la plus simple étant

$$\sigma_{LOR} = \frac{1}{A} + \frac{1}{B} + \frac{1}{C} + \frac{1}{D}.$$

Dans une méta-analyse, les tailles d'effet présentées ci-dessus et leurs écarts-types doivent être calculés étude par étude. Les résultats peuvent être présentés sous forme de *forest plots*, comme expliqué dans le chapitre 6. Il est ensuite possible d'estimer des tailles d'effet moyennes en utilisant des modèles à effets fixes ou aléatoires, selon l'importance de l'hétérogénéité entre études.

Coefficient de corrélation

Dans certaines méta-analyses, il est utile de définir la taille d'effet comme un coefficient de corrélation entre deux variables. C'est le cas lorsque l'objectif est de quantifier la force d'une relation entre deux variables étudiées dans différentes études individuelles. Chaque étude reporte alors un coefficient de corrélation estimé à partir d'un certain nombre de données, et la méta-analyse permet de synthétiser l'ensemble des coefficients de corrélation.

L'analyse des coefficients de corrélation nécessite de prendre certaines précautions. En particulier, lorsque les valeurs des coefficients de corrélation sont proches de un, leur distribution tend à s'écarter fortement d'une loi gaussienne. Pour cette raison, il est préférable de transformer les coefficients de corrélation en calculant la quantité suivante (appelée Fisher's z) $z = \dfrac{1}{2} \ln\left(\dfrac{1+r}{1-r}\right)$, où r est la corrélation de Pearson. L'écart-type de z peut être estimé par $\sigma_z = \dfrac{1}{n-3}$, avec n le nombre de données utilisé pour calculer r (Sokal et Rohlf, 1995). Les valeurs de z et σ_z peuvent être analysées avec les modèles présentés dans le chapitre 6.

Tailles d'effet basées sur la variance

La plupart des méta-analyses étudient l'effet de traitements sur la réponse moyenne d'une variable d'intérêt. Plusieurs études récentes ont cependant souligné l'intérêt de ne pas se focaliser uniquement sur l'étude des moyennes, mais également d'étudier l'effet des traitements sur les variances (Nakagawa *et al.*, 2015 ; Lesur-Dumoulin *et al.*, 2017). Par exemple, Lesur-Dumoulin *et al.* ont étudié les différences de variabilité interannuelle des rendements entre systèmes agricoles biologiques et systèmes agricoles conventionnels, dans le but de déterminer si les systèmes biologiques conduisaient à des niveaux d'instabilité des rendements plus faibles ou plus élevés.

Différentes métriques peuvent être utilisées dans ce but, notamment le log ratio des variances ou le log ratio des coefficients de variation. Les modalités de calcul et de pondération de ces quantités sont décrites par Nakagawa *et al.* (2015). Il est également possible de tenir compte de la relation entre variance et moyenne à l'aide du modèle statistique suivant :

$$\ln\left(\hat{\sigma}_{ij}\right) = \beta_0 + b_{0i} + \left(\beta_1 + b_{1i}\right)X_{ij} + \beta_2 \ln\left(\mu_{ij}\right) + \varepsilon_{ij}$$

avec $\hat{\sigma}_{ij}$ l'écart-type estimé de la variable de réponse étudiée dans le traitement j de l'étude i ($j = 1$ pour le contrôle C, $j = 2$ pour le traitement expérimental E),

μ_{ij} la moyenne de la variable de réponse, β_0, β_1 et β_2 des effets fixes, b_{0i} et b_{1i} des effets aléatoires études, X_{ij} une variable binaire (égale à zéro pour le contrôle C et à un pour le traitement expérimental E), ε_{ij} l'erreur résiduelle. Une estimation sans biais de $\ln\left(\hat{\sigma}_{ij}\right)$ est obtenue en calculant $\ln\left(\hat{\sigma}_{ij}\right) = \ln\left(s_{ij}\right) + \dfrac{1}{2(n-1)}$, avec s l'écart-type empirique et n la taille de l'échantillon. Cette estimation doit être calculée pour chaque étude i et traitement j, et pondérée par sa variance $S^2_{\ln(\hat{\sigma}_{ij})} = \dfrac{1}{2(n-1)}$. Ce modèle est de type métarégression mixte (incluant à la fois des effets fixes et des effets aléatoires). Il peut être ajusté aux valeurs de $\ln\left(\hat{\sigma}_{ij}\right)$ en utilisant les procédures décrites dans le chapitre 6. Plusieurs variantes de ce modèle peuvent être développées, pour tenir compte par exemple d'une interaction entre l'effet du traitement et l'effet de la moyenne.

Modèles linéaires généralisés pour l'analyse de données discrètes

Ces modèles généralisent les modèles présentés dans le chapitre 6 et permettent d'analyser des données dont la distribution n'est pas gaussienne, notamment des données discrètes, en particulier des données de comptage (Agresti, 2002). Nous avons déjà évoqué ce type de données dans la section « Tailles d'effet pour les données binaires » et nous avons présenté plusieurs quantités pouvant être analysées à l'aide de méthodes statistiques.

Lorsque les données correspondent à des mesures de proportions du type de celles présentées dans le tableau 7.1, une approche courante consiste à calculer un odds ratio pour chaque étude individuelle, puis d'analyser l'ensemble des odds ratios avec un modèle gaussien du type modèle linéaire mixte. Cependant, l'approximation gaussienne n'est pas toujours réaliste, notamment lorsque les proportions observées sont proches de zéro ou de un. Dans ce cas, il est préférable d'analyser l'ensemble des données à l'aide d'un modèle linéaire généralisé.

Dans la partie suivante, nous présentons un type particulier de modèles linéaires généralisés : le modèle binomial logit à effets aléatoires. Ce modèle est utile pour analyser l'effet de traitements sur la proportion d'individus malades (plantes, animaux, humains) (Makowski et Monod, 2011 ; Makowski *et al.*, 2014) ou pour analyser les réseaux d'épidémio-surveillance (Michel *et al.*, 2016 ; 2017).

Modèle binomial logit à effets aléatoires pour analyser l'effet d'un traitement

Ce modèle comporte deux niveaux. Le premier décrit la distribution des mesures de comptage au sein d'une étude (ex. : mesures de proportion de plantes malades dans une parcelle) et le second niveau décrit la variabilité de la vraie proportion entre études (ex. : variabilité de la vraie proportion de plantes malades entre parcelles) en fonction du type de traitement. Formellement, le modèle s'écrit de la façon suivante :

$$Y_{ij} \sim Binomiale(N_{ij}, \pi_{ij}) \quad i = 1, \ldots, I, j = 1,2 \tag{7.1}$$

$$logit\left(\pi_{ij}\right) = \ln\left(\frac{\pi_{ij}}{1 - \pi_{ij}}\right) = \alpha_i + \beta_i X_{ij} \quad \text{avec} \quad \begin{pmatrix} \alpha_i \\ \beta_i \end{pmatrix} \sim N\left[\begin{pmatrix} \mu_\alpha \\ \mu_\beta \end{pmatrix}, \Sigma\right] \tag{7.2}$$

où N_{ij} est le nombre de mesures collectées sur le j^e traitement de la i^e étude, Y_{ij} est le nombre de cas positifs (ex. : le nombre de plantes malades parmi les N_{ij} plantes observées sur la i^e étude), π_{ij} est la vraie proportion (inconnue) de cas positifs dans la i^e étude, X_{ij} est une variable binaire égale à 1 si Y_{ij} a été collecté dans le traitement expérimental et égale à zéro si Y_{ij} a été collecté sur le contrôle (non traité), α_i et β_i sont des paramètres déterminant la valeur de π_{ij} pour le contrôle et pour le traitement de la i^e étude, respectivement, μ_α et μ_β les espérances des paramètres α_i et β_i (les valeurs « moyennes » sur l'ensemble des études), et Σ la matrice de variance-covariance de α_i et β_i (qui détermine la variabilité interétudes de ces paramètres).

Dans ce modèle, l'odds ratio du traitement par rapport au contrôle est égal à $exp(\beta_i)$ pour la i^e étude, et l'odds ratio moyen sur l'ensemble des études est égal à $exp(\mu_\beta)$. Les paramètres du modèle (7.1-7.2) peuvent être estimés par maximum de vraisemblance en tenant compte de l'ensemble des mesures réalisées sur toutes les études, par exemple en utilisant la fonction **glmer** du package R **lme4**. Les valeurs estimées des paramètres permettent ensuite d'estimer les odds ratios, à la fois étude par étude et en moyenne sur l'ensemble des études. Il est également possible d'utiliser le modèle pour estimer l'incidence étude par étude $\dfrac{\exp(\alpha_i + \beta_i X)}{1 + \exp(\alpha_i + \beta_i X)}$ et l'incidence globale $\dfrac{\exp(\mu_\alpha + \mu_\beta X)}{1 + \exp(\mu_\alpha + \mu_\beta X)}$.

Plusieurs variantes du modèle (7.1-7.2) peuvent être définies. Il est possible d'inclure différents types de covariables X, représentant par exemple des caractéristiques du milieu (variété, type de sol, conditions climatiques) (Michel *et al.*, 2016 ; 2017). Il est également possible d'ajouter des effets aléatoires supplémentaires pour, par exemple, distinguer les effets des sites et ceux des années (Michel *et al.*, 2016 ; 2017). Enfin, il est parfois utile de remplacer la loi binomiale par une loi de Poisson lorsque les mesures ne correspondent pas à des proportions mais à des comptages non bornés *a priori* (ex. : nombre d'insectes observés sur une parcelle).

Exemple

L'objectif de cette méta-analyse est d'estimer l'efficacité d'un traitement fongicide pour contrôler *Phyllosticta citricarpa*, un champignon des agrumes (Makowski *et al.*, 2014). Nous utilisons pour cela les résultats de 16 essais réalisés dans différents vergers localisés dans différentes régions du monde. Chaque essai comporte deux traitements : une partie non traitée (le contrôle, $X = 0$) et une partie traitée avec un fongicide ($X = 1$). Dans chaque traitement, 300 à 2 000 fruits ont été observés, et le nombre de fruits malades a été compté.

Les proportions de fruits malades, les odds et les odds ratios ont été calculés à partir des observations, comme indiqué dans la section « Tailles d'effet pour les données binaires ». Les résultats sont présentés sur la figure 7.1. Selon les essais, entre 14 et 94 % de fruits malades ont été observés dans les zones non traitées, et entre 0 et 60 % de fruits malades ont été observés dans les zones traitées. Les odds sont presque tous supérieurs à un dans les contrôles (indiquant une probabilité plus grande d'obtenir un fruit malade qu'un fruit sain), alors qu'ils sont presque tous inférieurs à un dans les zones traitées (indiquant une probabilité plus grande d'obtenir un fruit sain qu'un fruit malade).

Si le traitement fongicide réduit systématiquement la proportion de fruits atteints (les odds ratios sont tous nettement inférieurs à un sur la figure 7.1D), l'efficacité du fongicide semble très variable selon les situations ; dans certains cas, la proportion de fruits malades est égale ou proche de zéro, alors que dans d'autres situations la proportion de fruits atteints par la maladie reste élevée (figure 7.1A).

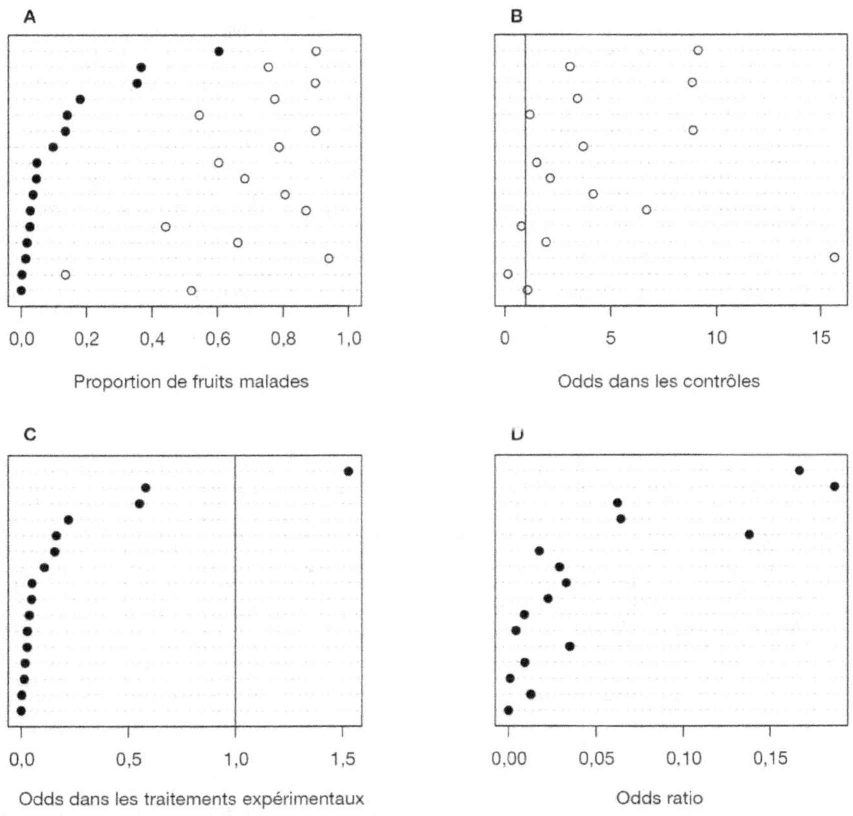

Figure 7.1. Proportions de fruits malades dans les contrôles (points blancs) et dans les zones traitées avec un fongicide (points noirs) (A), odds dans les contrôles (B), odds dans les zones traitées (C), et odds ratios (D). Chaque ligne horizontale de chaque graphique correspond à un essai incluant une zone non traitée (contrôle) et une zone traitée avec un fongicide dans le but de contrôler *Phyllosticta citricarpa*. Odds = proportion de fruits malades/proportion de fruits sains. Odds ratio = odds dans la zone traitée/odds dans la zone non traitée.

Nous utilisons ici le modèle (4.1-4.2) pour estimer l'efficacité moyenne du fongicide. Le modèle est ajusté aux données des 16 essais avec la fonction **glmer** du package R **lme4** en utilisant le code suivant :

```
Mod<-glmer(cbind(NbDiseasedF, NbFruits-
NbDiseasedF)~Fung_Gp+(1+Fung_Gp|Code),
family=binomial, data=DataSetT)
summary(Mod)
```

Les résultats obtenus avec la fonction **summary()** sont présentés ci-dessous :

```
Generalized linear mixed model fit by maximum likeli-
hood (Laplace Approximation) ['glmerMod']
Family: binomial (logit)
Formula: cbind(NbDiseasedF, NbFruits - NbDiseasedF) ~
Fung_Gp + (1 + Fung_Gp | Code)
Data: DataSetT
```

AIC	BIC	logLik	deviance	df.resid
372.9	380.2	-181.4	362.9	27

```
Scaled residuals:
```

Min	1Q	Median	3Q	Max
-1.02235	-0.08930	0.00707	0.03915	0.45596

```
Random effects:
```

Groups	Name	Variance	Std.Dev.	Corr
Code	(Intercept)	1.241	1.114	
	Fung_Gp	2.317	1.522	-0.02

```
Number of obs: 32, groups: Code, 16
Fixed effects:
```

	Estimate	Std. Error	zvalue	Pr(>|z|)	
(Intercept)	1.0221	0.2798	3.653	0.000259	***
Fung_Gp	-3.8618	0.3932	-9.822	< 2e-16	***

```
Signif. codes: 0 '***' 0.001 '**' 0.01 '*' 0.05 '.' 0.1 ' ' 1
Correlation of Fixed Effects:
```

	(Intr)
Fung_Gp	-0.028

Les valeurs indiquées dans la partie **Random effects** représentent les valeurs des deux variances, écarts-types et corrélation des effets aléatoires α_i et β_i, c'est-à-dire le contenu de la matrice Σ. Les valeurs indiquées dans la partie **Fixed effects** correspondent aux estimations de μ_α et μ_β, aux écarts-types des estimateurs et aux résultats des tests d'égalité à zéro de μ_α et μ_β. Ces derniers indiquent clairement que les valeurs estimées sont significativement différentes de zéro. La valeur − 3,8618 correspond au logarithme de l'odds ratio. Comme il est négatif, il indique que le traitement fongicide permet de réduire le risque de maladie. L'odds ratio est égal à l'exponentiel de − 3,8618, c'est-à-dire à 0,021. Son intervalle de confiance 95 % peut être calculé avec le code R suivant :

```
exp(fixef(Mod)[2]-1.96*sqrt(vcov(Mod)[4]))
exp(fixef(Mod)[2]+1.96*sqrt(vcov(Mod)[4]))
```

On obtient l'intervalle [0,0097, 0,045]. Comme cet intervalle n'inclut pas la valeur un, l'odds ratio est significativement inférieur à un, ce qui confirme la capacité du fongicide à réduire l'incidence de la maladie. Il est également possible d'estimer la proportion moyenne de fruits malades dans les contrôles et dans les zones traitées, ainsi que les intervalles de confiance 95 % associés :

```
##Cas non traité
#Incidence estimée
exp(fixef(Mod)[1])/(1+exp(fixef(Mod)[1]))
#Borne inférieure de l'IC
exp(fixef(Mod)[1]-1.96*sqrt(vcov(Mod)[1]))/
(1+exp(fixef(Mod)[1]-1.96*sqrt(vcov(Mod)[1])))
#Borne supérieure de l'IC
exp(fixef(Mod)[1]+1.96*sqrt(vcov(Mod)[1]))/
(1+exp(fixef(Mod)[1]+1.96*sqrt(vcov(Mod)[1])))
##Cas traité
#Variance de l'estimation de l'espérance du logit
VAR<-vcov(Mod)[1]+vcov(Mod)[4]+2*vcov(Mod)[2]
#Incidence estimée
exp(fixef(Mod)[1]+fixef(Mod)[2])/(1+exp(fixef(Mod)
[1]+fixef(Mod)[2]))
#Borne inférieure de l'IC
exp(fixef(Mod)[1]+fixef(Mod)[2]-1.96*sqrt(VAR))/
(1+exp(fixef(Mod)[1]+fixef(Mod)[2]-1.96*sqrt(VAR)))
#Borne supérieure de l'IC
exp(fixef(Mod)[1]+fixef(Mod)[2]+1.96*sqrt(VAR))/
(1+exp(fixef(Mod)[1]+fixef(Mod)[2]+1.96*sqrt(VAR)))
```

La proportion estimée pour les zones non traitées est 0,74 [0,62, 0,83]. La proportion estimée pour les zones traitées est 0,06 [0,02, 0,13]. On s'attend donc à retrouver en moyenne un pourcentage d'environ 2 à 13 % de fruits malades après l'application de traitement fongicide. Le traitement ne permet donc pas de contrôler totalement la maladie.

Modèles non linéaires mixtes

Intérêt et définition

Les modèles non linéaires mixtes constituent un autre type d'extension des modèles linéaires mixtes présentés dans le chapitre 6. Comme les modèles linéaires, ils permettent d'analyser des mesures d'une variable de réponse continue, mais les modèles non linéaires donnent la possibilité aux modélisateurs de tenir compte de relations non linéaires entre une ou plusieurs variables explicatives X et la variable de réponse d'intérêt Y. Dans les cas où un modèle linéaire fournit une description peu réaliste de la relation entre X et Y, il peut être intéressant d'utiliser un modèle non linéaire. Ce type de modèle peut être formulé de différentes manières. Nous présentons une formulation assez simple ci-dessous :

$$Y_{ij} = f(X_{ij}, \theta_i) + \varepsilon_{ij} \; i = 1, \dots, I \, ; j = 1, \dots, n_i \tag{7.3}$$

$$\theta_i \sim N(\mu, \Sigma), \varepsilon_{ij} \sim N\left(0, \sigma_\varepsilon^2\right) \tag{7.4}$$

où Y_{ij} est la j^e mesure obtenue sur la i^e étude, $f()$ est une fonction non linéaire, θ_i est un vecteur de paramètres spécifique pour la i^e étude, X_{ij} est un vecteur de variables (continues ou discrètes) ayant un effet sur la variable de réponse, μ est le vecteur des espérances des paramètres θ_i (valeurs « moyennes » des paramètres dans la population d'études), Σ est la matrice de variance-covariance de θ_i (qui détermine la variabilité interétudes des paramètres), et σ_ε^2 est la variance résiduelle intra-étude (qui représente la variabilité non expliquée par X au sein des études).

L'équation (7.3) décrit la réponse de Y en fonction de X au sein de chaque étude i. L'équation (7.4) décrit la variabilité interétudes et intra-étude. Il existe de nombreuses variantes du modèle (7.3-7.4) faisant d'autres hypothèses sur la distribution des paramètres et de l'erreur résiduelle. Mais le modèle (7.3-7.4) permet de traiter de nombreuses situations (voir l'exemple dans la partie suivante). L'estimation des paramètres des modèles non linéaires mixtes peut être réalisée avec le package **nlme** (fonction **nlme()**) ou avec le package **saemix.**

Exemple

L'objectif de cette méta-analyse est d'estimer la réponse des émissions de N_2O (un gaz à effet de serre produit en grande partie par les activités agricoles, notamment la fertilisation azotée) à la dose d'engrais N appliquée (Philibert *et al.*, 2012 ; Gerber *et al.*, 2016). Dans ce but, nous utilisons des mesures d'émissions de N_2O collectées sur 203 études expérimentales (correspondant à différents sites-années). Dans chaque étude, plusieurs doses d'engrais ont été appliquées sur différentes parcelles expérimentales et les émissions de N_2O ont été mesurées (en kg/ha/an) sur chacune. Au total, 985 données d'émission de N_2O sont disponibles. À titre d'illustration, les mesures obtenues sur 9 des 203 études expérimentales sont présentées sur la figure 7.2. Cette figure montre que la forme de la réponse des émissions à la dose d'engrais varie beaucoup entre études ; certaines études sont caractérisées par des réponses très fortes et d'autres par des réponses assez faibles. La réponse ne semble pas être linéaire : les émissions augmentent fortement pour les doses dépassant 200 ou 250 kg/ha.

Pour estimer la réponse, nous ajustons le modèle (7.3-7.4) aux données en utilisant une fonction exponentielle (Philibert *et al.*, 2012 ; Gerber *et al.*, 2016) définie par :

$$f(X_{ij}, \theta_i) = \exp(\theta_{0i} + \theta_{1i} X_{1ij} + \mu_2 X_{2ij}) \tag{7.5}$$

avec X_{1ij} une variable continue représentant la dose d'engrais appliquée sur à j^e parcelle de la i^e étude, et X_{2ij} une variable binaire indiquant si la culture mise en place dans la i^e étude correspond à du riz inondé ou non. Un effet « riz inondé » a été ajouté au modèle car les émissions de N_2O sont notoirement plus faibles pour cette culture. Avec ce modèle, θ_{0i} et θ_{1i} sont distribués selon des lois normales dont les espérances sont notées μ_0 et μ_1. L'effet « riz » est supposé fixe. D'autres variantes ont été testées, mais les résultats ont montré qu'elles étaient moins satisfaisantes (Philibert *et al.*, 2012 ; Gerber *et al.*, 2016). Selon l'équation (7.5), la réponse moyenne des émissions à la dose X_1 est égale à $exp(\mu_0 + \mu_1 X_1 + \mu_2)$ pour les cultures de riz, et à $exp(\mu_0 + \mu_1 X_1)$ pour les autres cultures.

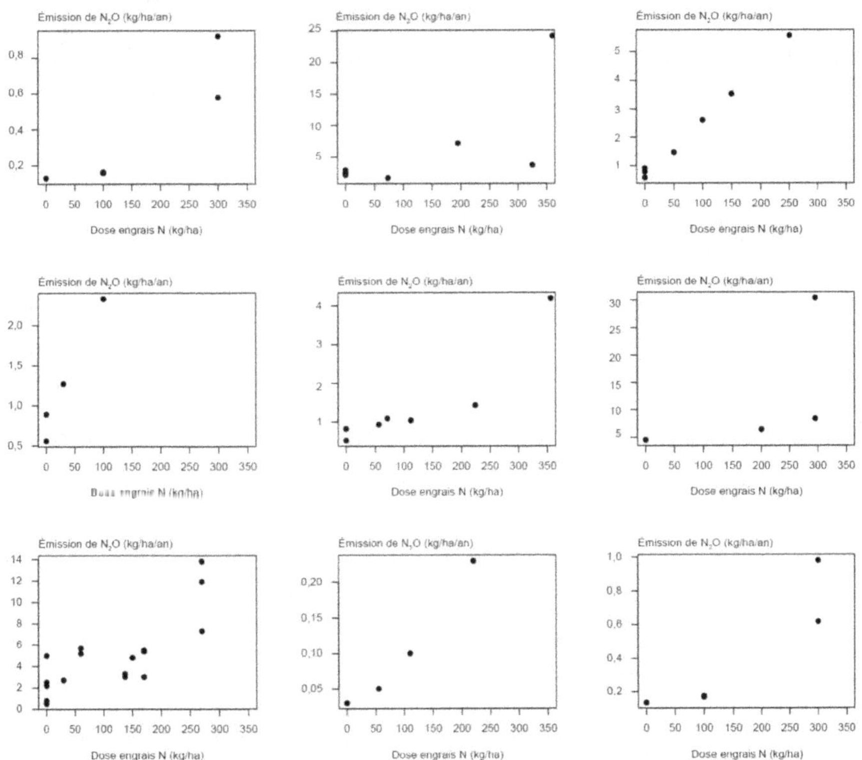

Figure 7.2. Exemples de mesures d'émission de N_2O obtenues sur 9 expérimentations pour différentes doses d'engrais N appliquées.

Le modèle a été ajusté aux données à l'aide de la fonction **nlme** en utilisant le code ci-dessous :

```
#Définition de la structure du jeu de données
groupedTAB <- groupedData(N20 ~ N_rate+Rice | Ref_num,
data = TAB)
#Ajustement du modèle
```

```
modele<-nlme(N2O~exp(theta0+theta1*N_
rate+theta2*Rice),
data=groupedTAB,
fixed=theta0+theta1+theta2~1,random=pdDiag(theta0+the
ta1~1),
start=c(theta0= 1.46, theta1= 0.002, theta2=0))
```

Contrairement aux modèles linéaires et linéaires généralisés, il est nécessaire d'initialiser l'algorithme d'estimation avec des valeurs de départ dans le cas non linéaire. Dans **nlme**, ces valeurs sont spécifiées avec l'argument **start**. Les valeurs estimées de μ_0, μ_1 et μ_2 sont égales respectivement à 0,24, 0,0038, et − 1,14. Elles sont toutes significativement différentes de zéro ($p < 0,01$). La valeur positive estimée pour μ_1 indique que les émissions augmentent en fonction de la dose d'engrais N. La valeur négative estimée pour μ_2 indique que les émissions sont plus faibles pour le riz inondé. Ces résultats peuvent être visualisés sur la figure 7.3 qui présente les réponses estimées pour les deux types de culture.

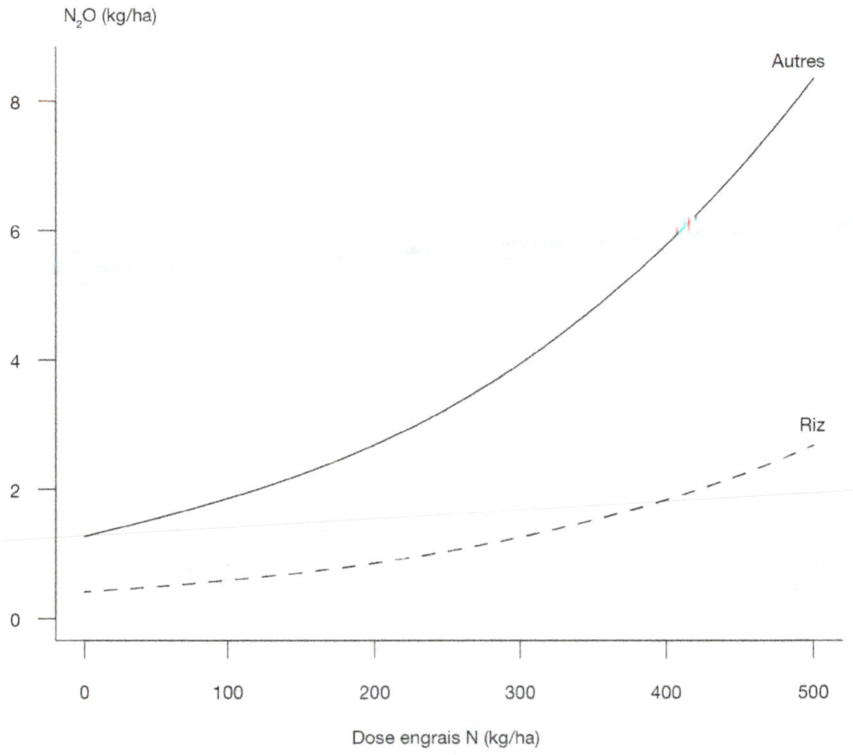

Figure 7.3. Réponses estimées des émissions de N_2O à la dose d'engrais N, pour le riz et pour les autres cultures.

Modèles bayésiens

Définition

Il existe de nombreux ouvrages décrivant les principes de la statistique bayésienne et les méthodes permettant sa mise en œuvre (ex. : Gelman *et al.*, 2014 ; Collectif Biobayes, 2015). Nous ne fournissons ici que quelques éléments de base.

La démarche bayésienne permet d'intégrer deux types d'informations pour estimer des paramètres d'intérêt ; d'une part des informations *a priori* (disponibles avant l'acquisition des données) pouvant être issues d'avis d'expert, de la littérature scientifique, d'analyses antérieures, etc., et d'autre part des données.

En statistique bayésienne, les paramètres ne sont pas considérés comme étant des valeurs fixes, mais comme des variables aléatoires distribuées selon certaines lois de probabilité. Ces lois de probabilité décrivent notre incertitude sur les valeurs des paramètres. Chaque paramètre est caractérisé par deux lois de probabilité ; la loi *a priori* et la loi *a posteriori*. La loi *a priori* représente l'incertitude initiale sur la valeur du paramètre (avant l'acquisition des données). Lorsque peu d'informations sont disponibles en dehors des données, on définit des lois *a priori* peu informatives. Celles-ci ne donnent que peu d'informations sur les valeurs possibles du ou des paramètres devant être estimés. La loi *a posteriori* décrit l'incertitude finale, une fois les données prises en compte. Le calcul de la loi *a posteriori* se fait en combinant la loi *a priori* et les données disponibles dans le cadre de la théorie des probabilités, en utilisant le théorème de Bayes.

Tous les modèles statistiques décrits dans les chapitres 2 à 6 peuvent être formulés dans le cadre bayésien. Pour cela, il est nécessaire de définir la loi *a priori* des paramètres. Nous illustrons cette démarche pour le modèle à effets aléatoires défini dans le chapitre 6, section « Estimation de la taille d'effet moyenne avec un modèle à effets aléatoires » utilisé pour estimer une taille d'effet moyenne en méta-analyse. Comme en statistique classique, ce modèle est défini par :

$$L_i = \mu + b_i + \varepsilon_i$$

où L_i est la taille d'effet estimée pour l'étude i (ex. : log ratio), μ est l'espérance des tailles d'effet à travers l'ensemble des études de la population considérée, b_i est un effets aléatoires étude qui décrit la différence entre la taille d'effet de l'étude i ($\mu + b_i$) et l'espérance μ, ε_i est la différence entre L_i et $\mu + b_i$ (erreur résiduelle). Les variances de b_i, ε_i et L_i sont égales à :

$$\text{var}\left(b_i\right) = \sigma_b^2$$

$$\text{var}\left(\varepsilon_i\right) = \sigma_i^2$$

$$\text{var}\left(L_i\right) = \sigma_b^2 + \sigma_i^2$$

Pour estimer les paramètres de ce modèle dans le cadre bayésien, il est nécessaire de définir des lois *a priori* pour chaque paramètre inconnu. Par exemple, la loi *a priori* de μ peut être définie comme une loi normale. Si on ne connaît rien sur μ, l'espérance de la loi normale peut être fixée à zéro et sa variance peut être fixée à une très grande valeur (ex. : 10^8) de manière à définir une loi très plate. La loi *a priori* de σ_b^2 ne peut pas être définie à l'aide d'une loi normale, car la variance ne peut prendre que des valeurs positives (la loi normale n'est pas bornée). Souvent, on utilise des lois inverse-gamma pour définir les lois *a priori* des variances, car celles-ci sont définies sur $[0, +\infty[$ et permettent d'être peu informatives en choisissant un paramétrage approprié (voir l'exemple de la partie suivante). Si les variances intra-études σ_i^2 sont supposées connues (c'est souvent le cas en méta-analyse lorsqu'elles sont extraites des articles), il n'est pas nécessaire de définir des lois *a priori* pour ces paramètres. Par contre, si ces variances sont inconnues, il faut définir pour chacune une loi *a priori*, comme pour σ_b^2.

Une fois le modèle défini, la loi *a posteriori* est calculée à partir des données pour l'ensemble des paramètres inconnus. En pratique, la loi *a posteriori* ne peut que très rarement être calculée analytiquement. Il est nécessaire d'utiliser un algorithme permettant de déterminer la loi *a posteriori*. Parmi les différents algorithmes existants, les méthodes de Markov chain Monte Carlo (MCMC) sont souvent utilisées. Elles peuvent être appliquées à l'aide de logiciels statistiques, par exemple avec le package **MCMCglmm** (Hadfield, 2010). Ce package permet d'ajuster dans un cadre bayésien les modèles linéaires et linéaires généralisés décrits dans les chapitres 2 à 7. Une application est présentée ci-dessous.

Exemple : méta-analyse avec MCMCglmm

Nous reprenons ici le problème de l'estimation de la perte de rendement entre systèmes biologiques et conventionnels à partir des données de 65 études extraites de la littérature scientifique (voir chapitre 6). Nous utilisons le modèle à effets aléatoires défini ci-dessus pour estimer la taille d'effet moyenne (le ratio des rendements) dans un cadre bayésien, à l'aide du package **MCMCglmm** (Hadfield, 2010).

La distribution *a priori* de l'espérance du log ratio des rendements (μ) est définie comme une loi normale d'espérance nulle et de variance 10^8. La variance est suffisamment grande pour que cette distribution *a priori* soit très peu informative.

La distribution *a priori* de la variance interétudes (σ_b^2) est définie comme une inverse-gamma peu informative avec des paramètres fixés à 0,5 (V = 1 et nu = 1, selon le paramétrage utilisé par Hadfield, 2010). Les variances intra-études (σ_i^2) sont fixées aux variances des log ratios de rendements extraites des articles (comme dans la section « Estimation de la taille d'effet moyenne avec un modèle à effets aléatoires »). Cependant, le package **MCMCglmm** ajoute par défaut une surdispersion gaussienne additive, définie par une variance résiduelle estimée à partir des données (notée R dans **MCMCglmm**). La distribution *a priori* de cette variance est également définie comme une loi gamma, avec des paramètres fixés ici à 0,5.

Lors de l'utilisation de **MCMCglmm**, il est nécessaire de préciser certains paramètres pour régler l'algorithme MCMC, notamment le nombre total d'itérations (argument **nitt**), la période de chauffe (argument **burnin**, indiquant le nombre d'itérations éliminées au début de la chaîne), le nombre d'itérations consécutives supprimées tout au long de la chaîne afin de réduire les autocorrélations (argument **thin**). Les valeurs de ces paramètres de réglage peuvent être fixées à partir du diagnostic réalisé par la fonction **gelman.plot** et **autocorr** du package **coda** (voir ci-dessous).

Le modèle est ajusté à l'aide du code suivant :

```
library(MCMCglmm)
#Definition des a priori, B pour mu, R pour la variance
résiduelle et G pour la
#variance inter-études
prior1<-list(B=list(mu=0,V=10^8), R=list(V=1,nu=1),G=l
ist(G1=list(V=1,nu=1)))
#Ajustement du modèle avec 50000 iterations MCMC, une
période de chauffe de
#10000 itérations, et une élimination de 90% des ité-
rations pour réduire les auto-corrélations
Mod_mcmc<-MCMCglmm(lnR~1,random=~Study, mev=Data$Var_
lnR, data=Data, verbose=F, nitt=50000, thin=10, bur-
nin=10000, prior=prior1,pr=TRUE)
#Visualisation du résumé de l'ajustement
summary(Mod_mcmc)
#Graphique de la chaine de valeur pour le paramètre mu
plot(Mod_mcmc)
```

Les résultats obtenus pour le paramètre μ sont présentés sur la figure 7.4. Les valeurs présentées sur cette figure correspondent aux valeurs de μ générées par l'algorithme MCMC. Ces valeurs peuvent être extraites à partir de l'objet **Sol** produit par **MCMCglmm (Mod_mcmc$Sol[,1])**. Ces valeurs permettent de décrire la distribution *a posteriori* du ratio de rendement (l'exponentielle de μ), notamment sa moyenne et des quantiles :

```
mean(exp(Mod_mcmc$Sol[,1]))
quantile(exp(Mod_mcmc$Sol[,1]), 0.025)
quantile(exp(Mod_mcmc$Sol[,1]), 0.975)
```

Ces résultats ont été obtenus avec 4 000 valeurs de la chaîne MCMC présentée sur la figure 7.4 (50 000 valeurs au total − 10 000 valeurs de période de chauffe = 40 000 ; 40 000/10 = 4 000). Les résultats obtenus sont similaires à ceux obtenus avec la méthode de DerSimonian et Laird (chapitre 6) ; la moyenne *a posteriori* est égale à 0,78 et l'intervalle de crédibilité à 95 % est [0,70, 0,87].

Pour régler l'algorithme MCMC, il est recommandé de faire générer plusieurs chaînes de valeurs (au moins trois) et de comparer la variance intrachaîne et la variance interchaînes à l'aide de la fonction **gelman.plot** du package **coda**. Un exemple basé sur trois chaînes est présenté ci-dessous et les résultats sont présentés sur la figure 7.5 :

```
Mod_mcmc_1<-MCMCglmm(lnR~1,random=~Study,
mev=Data$Var_lnR, data=Data, verbose=F, nitt=50000,
prior=prior1)
Mod_mcmc_2<-MCMCglmm(lnR~1,random=~Study,
```

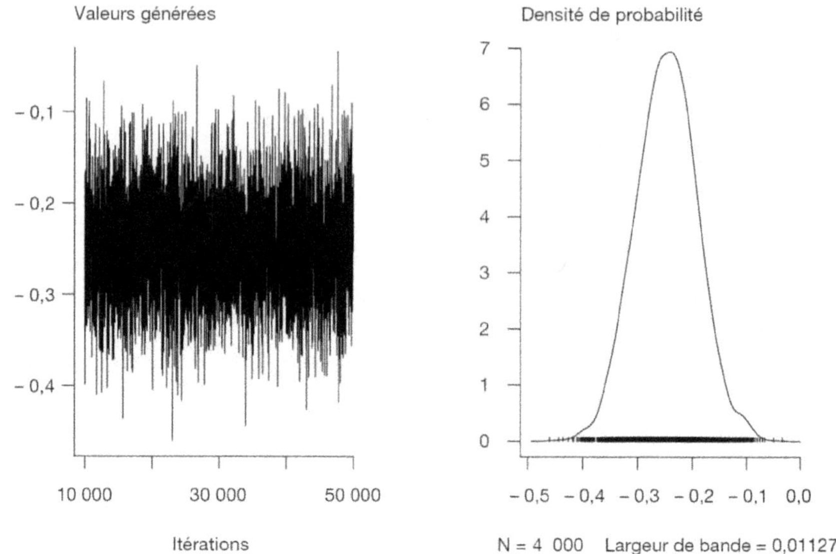

Figure 7.4. À gauche : valeurs générées par `MCMCglmm` pour le paramètre μ (log ratio des rendements). À droite : visualisation de la densité de probabilité *a posteriori* de μ.

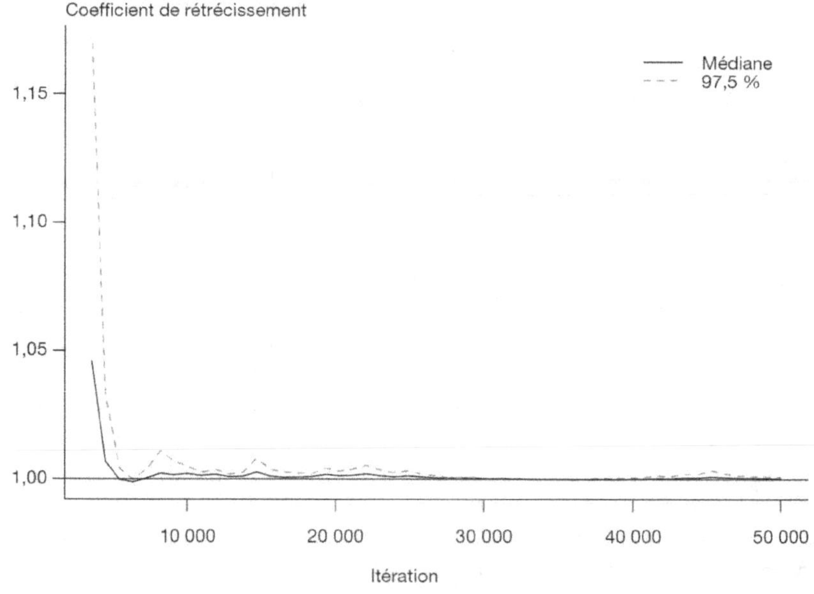

Figure 7.5. Graphique du facteur de Gelman et Rubin pour diagnostiquer la convergence de la chaîne pour le paramètre μ. Une valeur inférieure à 1,02 est satisfaisante. Ici, l'algorithme converge après quelques milliers d'itérations. Dans ce cas, une période de chauffe de 10 000 itérations est donc largement suffisante.

```
mev=Data$Var_lnR, data=Data, verbose=F, nitt=50000,
prior=prior1)
Mod_mcmc_3<-MCMCglmm(lnR~1,random=~Study,
mev=Data$Var_lnR, data=Data, verbose=F, nitt=50000,
prior=prior1)
ChainList<-mcmc.list(Mod_mcmc_1$Sol,Mod_
mcmc_2$Sol,Mod_mcmc_3$Sol)
gelman.plot(ChainList)
```

En statistique bayésienne, il est recommandé d'analyser la sensibilité des résultats aux distributions *a priori*. Ici, nous avons refait l'analyse avec une distribution *a priori* un peu plus informative pour les deux variances, correspondant à une loi gamma de paramètres égaux à nu/2 = 0,001 :

```
prior1<- list(B=list(mu=0,V=10^8), R=list(V=1,nu=0.002),
G=list(G1=list(V=1,nu=0.002)))
```

Les résultats sont très proches ; la moyenne *a posteriori* est égale à 0,78 et l'intervalle de crédibilité à 95 % est [0,72, 0,85].

Un des intérêts de l'approche bayésienne est qu'elle permet d'analyser l'incertitude de manière approfondie. Il est ainsi possible de décrire la distribution *a posteriori* de toute quantité dépendant des paramètres du modèle considéré. À titre d'illustration, la figure 7.6 présente les rangs des 65 études selon leurs valeurs estimées de ratios de rendements (biologique *vs* conventionnel). L'ensemble des études a été classé à l'aide de 4 000 valeurs de $\mu + b_i$, $i = 1, ..., 65$, générées par **MCMCglmm**. Cette approche permet de générer 4 000 classements, soit 4 000 rangs pour chaque étude. Chaque distribution de rangs est alors résumée par le rang médian, le 1er quartile et le 3e quartile des rangs (d'autres choix sont possibles). Le code utilisé est décrit ci-dessous et les résultats sont présentés sur la figure 7.6 :

```
SolRank<-apply(Mod_mcmc$Sol[,2:65],1,rank)
ResultSolRank<-matrix(nrow=65,ncol=3)
for (i in 1:65) {
ResultSolRank[i,]<-c(median(SolRank[i,]),
quantile(SolRank[i,],0.25), quantile(SolRank[i,],
0.75))
}
TABrank<-data.frame(row.names(SolRank),ResultSolRank)
TABrank<-TABrank[order(TABrank[,2]),]
dotchart(TABrank[,2],labels=TABrank[,1],
xlim=c(0,65),xlab="Ranking of experimental studies",
pch=19)
for (i in 1:65>) {
lines(c(TABrank[i,3],TABrank[i,4]),c(i,i))
}
```

La figure 7.6 montre que les rangs sont globalement incertains. Certaines études tendent à être mieux classées que d'autres. Les études 33, 56, 43 sont celles les mieux classées car leurs ratios estimés sont plus élevés. Les études 9, 27 et 41 sont celles les moins bien classées car elles sont caractérisées par des ratios plus faibles,

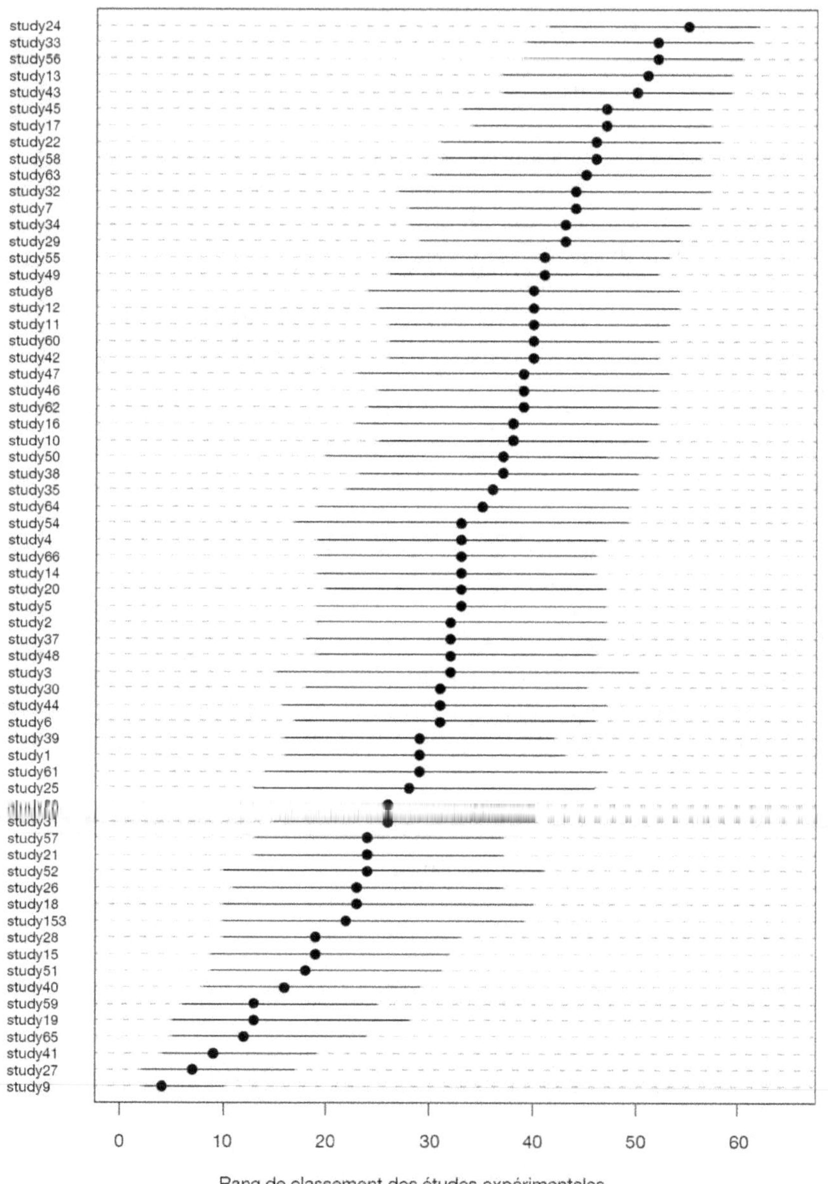

Figure 7.6. Rangs des 65 études classées selon le ratio du rendement biologique *vs* conventionnel. Les études caractérisées par les ratios les plus grands ont les rangs les plus élevés. Les points correspondent aux rangs médians, les barres indiquent les écarts interquartiles.

c'est-à-dire par des pertes de rendement importantes dans le système biologique. La plupart des études ne peuvent pas être classées les unes par rapport aux autres avec un bon niveau de confiance.

Références

Agresti A., 2002. *Categorical Data Analysis*, 2nd edition, Wiley, Hoboken.

Collectif Biobayes, 2015. *Initiation à la statistique bayésienne*, Ellipses, Paris.

Gelman A., Carlin J.B., Stern H.S., Dunson D.B., Vehtari A., Rubin D.B., 2014. *Bayesian statistical analysis*, 3rd edition, Chapman & Hall/CRC Press.

Gerber J.S., Carlson K.M., Makowski D., Mueller N.D., Garcia de Cortazar-Atauri I., Havlík P., Herrero M., Launay M., O'Connell C.S., Smith P., West P.C., 2016. Spatially explicit estimates of N_2O emissions from croplands suggest climate mitigation opportunities from improved fertilizer management. *Global Change Biology*, 22, 3383-3394.

Hadfield J.D., 2010. MCMC methods for multi-response generalized linear mixed models: the MCMCglmm R package. *Journal of Statistical Software*, 33, 2.

Hedges L.V., Olkin I., 1985. *Statistical Methods for Meta-Analysis*, Academic Press, Orlando, FL.

Lajeunesse M.J., 2011. On the meta-analysis of response ratios for studies with correlated and multi-group design. *Ecology*, 92, 2049-2055.

Lajeunesse M.J., 2015. Bias and correction for the log response ratio in ecological meta-analysis. *Ecology*, 96, 2056-2063.

Lajeunesse M.J., 2016. Facilitating systematic reviews, data extraction and meta-analysis with the metagear package for R. *Methods in Ecology and Evolution*, 7, 323-330.

Lesur-Dumoulin C., Malézieux E., Ben-Ari T., Langlais C., Makowski D., 2017. Lower average yields but similar yield variability in organic versus conventional horticulture. A meta-analysis. *Agronomy for Sustainable Development*, 37, 45.

Makowski D., Monod H., 2011. *Analyse statistique des risques agro-environnementaux*, Springer

Makowski D., Vicent A., Pautasso M., Stancanelli G., Rafoss T., 2014. Comparison of statistical models in a meta-analysis of fungicide treatments for the control of citrus black spot caused by *Phyllosticta citricarpa*. *European Journal of Plant Pathology*, 139, 79-94.

Michel L., Brun F., Piraux F., Makowski D., 2016. Estimating the incidence of *Septoria tritici* in wheat crops from in-season measurements. *European Journal of Plant Pathology*, doi:10.1007/s10658-016-0887-9.

Michel L., Brun F., Makowski D., 2017. A framework based on generalised linear mixed models for analysing pest and disease surveys. *Crop Protection*, 94, 1-12.

Nakagawa S., Poulin R., Mengersen K., Reinhold K., Engquist L., Lagisz M., Senio A.M., 2015. Meta-analysis of variation : ecological and evolutionary applications and beyond. *Methods in Ecology and Evolution*, 6, 143-152.

Philibert A., Loyce C., Makowski D., 2012. Quantifying uncertainties in N2O emission due to N fertilizer application in cultivated areas. *PLoS One*, 7 (11), e50950, doi:10.1371/journal.pone.0050950.

Sokal R.R., Rohlf F.J., 1995. *Biometry : The Principles and Practice of Statistics in Biological Research*, 3rd edition, W.H. Freeman, New York.

Cette annexe présente les ressources informatiques utilisées dans ce livre pour mettre en œuvre les méthodes d'analyse des réseaux et de méta-analyse. Elle détaille le contenu du package KenSyn sous R (R Core Team, 2017), développé spécifiquement pour cet ouvrage. Ce package contient à la fois les jeux de données utilisés dans les exemples et les fonctions R utilisées dans les analyses statistiques. Certaines fonctions présentées ici sont indispensables pour mettre en œuvre le modèle mixte. D'autres fonctions facilitent l'extraction des informations des modèles ajustés, l'analyse des incertitudes associées aux estimations ou la mise en forme des résultats selon des standards classiques.

Package KenSyn : code R et jeux de données des exemples présentés dans les différents chapitres

L'ensemble des exemples présentés dans cet ouvrage a été rassemblé dans un paquet R KenSyn pour « Knowledge Synthesis in Agriculture » (synthèse de connaissance en agriculture).

Installation

Vous pouvez installer le package KenSyn à partir du dépôt CRAN[6], si vous avez une connexion Internet, en suivant les instructions suivantes :

– étape 1 : cliquez sur « Packages » dans le menu R et sélectionnez « Installer le(s) package(s)… » ;

– étape 2 : choisissez l'emplacement « 0-Cloud » ou un emplacement près de chez vous dans la liste des sites miroirs à télécharger qui apparaîtra ;

– étape 3 : choisissez « KenSyn » dans la liste des paquets disponibles ;

---

6. http://cran.r-project.org/web/packages/KenSyn (consulté le 28/05/2018).

– étape 4 : vérifiez qu'il y a un message dans la fenêtre de la console indiquant que cette installation a été couronnée de succès. D'éventuelles dépendances sont installées.

Une autre façon d'installer le package KenSyn consiste à exécuter l'instruction suivante dans la console R.

```
install.packages ("KenSyn", repos = "http://cran.rstudio.com")
```

Vous pouvez également utiliser un éditeur R comme Rstudio, qui facilite à la fois l'écriture du code, l'exploration des résultats et l'installation des paquets R.

La version actuelle de KenSyn est la version 0.2 (10 décembre 2017). Elle est pleinement fonctionnelle avec la version de R 3.4.3 du 6 décembre 2017. Les packages **nlme** et **lmer** évoluant très régulièrement, il est préconisé d'avoir une version de R récente et il est possible que des résultats légèrement différents soient obtenus en fonction des versions de R et des différents paquets.

En plus de KenSyn et des principaux packages présentés ici, il vous faudra peut-être installer d'autres packages qui sont nécessaires et chargés en début des différents scripts par la fonction **library(nom_du_package)**. Pour cela, procéder de la même manière que pour KenSyn.

Contenu et utilisation

Le package KenSyn est une bibliothèque rassemblant des jeux de données, des exemples et des fonctions sous une forme partageable et documentée. Ce package inclut le code sous la forme de démo pour l'ensemble des exemples qui sont fournis dans ce livre (afin que vous puissiez les exécuter vous-même) et les jeux de données nécessaires.

Exemples sous forme de démos

Pour voir l'ensemble des scripts de démonstration, vous pouvez exécuter les lignes suivantes

```
library(KenSyn)
demo(package="KenSyn")
```

Un tableau similaire à celui présenté dans le tableau A.1 sera affiché. Le code du début du nom **(chxxx_)** vous permet de faire la correspondance par rapport aux chapitres de cet ouvrage.

Puis, pour exécuter un script de démo, vous devez spécifier le nom et exécuter l'instruction suivante.

```
demo(ch01_mixedmodel_nlme, package="KenSyn")
```

Le script est alors exécuté pas à pas de manière interactive. Il suffit d'appuyer sur la touche *Entrée* du clavier dans la zone de la console pour exécuter les instructions

Tableau A.1. Liste des scripts exemples sous la forme de démonstration (demo) dans le package KenSyn.

Nom de la démo	Description
ch01_mixedmodel_nlme	ch01. Exemple d'un modèle simple à effets mixtes appliqué aux rendements de blé (avec **nlme** et **lme4**).
ch03_network_compblock	ch03. Réseau d'expérimentations : blocs complets. Évaluation de variétés de blé sur une seule année.
ch04a_network_mean_data	ch04a. Réseau d'expérimentations. Évaluation de variétés de blé sur une seule année. Analyse des données moyennes.
ch04b_network_hetero_var	ch04b. Réseau d'expérimentations. Évaluation de variétés de blé sur une seule année. Variances hétérogènes.
ch04c_network_pluriannual	ch04c. Réseau d'expérimentations. Évaluation de variétés de blé sur plusieurs années.
ch06a_metaanalysis_organic	ch06. Méta-analyse comparant des systèmes de cultures biologiques et conventionnels (avec **nlme** et **metafor**).
ch06b_metaanalysis_metareg	ch06. Méta-analyse : code pour illustrer les grands principes de la métarégression (avec **nlme** et **metafor**).
ch07a_metaanalysis_citrus	ch07. Méta-analyse pour estimer l'efficacité d'un traitement fongicide pour contrôler *Phyllosticta citricarpa*, maladie fongique des agrumes (avec **lme4**).
ch07b_metaanalysis_N2O	ch07. Méta-analyse pour estimer la réponse des émissions de N_2O à la dose de fertilisation azotée (avec **nlme**).
ch07c_metaanalysis_bayesian	ch07. Méta-analyse en bayésien : comparaison des systèmes de cultures biologiques et conventionnels (avec **MCMCglmm**).
others_network_machines	Autres. Réseau d'expérimentations. Blocs complets. Test de la performance d'ouvriers sur une machine.
others_network_var_itk	Autres. Réseau d'expérimentations. Variétés de blé avec différents itinéraires techniques.
others_network_var_soil	Autres. Réseau d'expérimentations. Variétés de blé sur deux sols différents.

suivantes et voir apparaître les résultats au fur et à mesure, soit dans la zone de la console, soit dans la partie graphique.

Il est assez pratique de récupérer directement le script r. Ce script étant dans le répertoire d'installation du package sur votre poste, vous pouvez connaître le chemin d'accès avec l'instruction suivante, en pensant à rajouter l'extension .r après le nom de l'exemple.

```
system.file("demo", "ch01_mixedmodel_nlme.r", package
= "KenSyn")
[1] "D:/XXXXXX/Documents/R/win-library/3.4/KenSyn/
demo/ch01_mixedmodel_nlme.r"
```

Vous pourrez ensuite l'ouvrir dans votre éditeur de code et le sauver dans votre répertoire de travail.

Une autre possibilité d'accès au code des exemples est d'utiliser l'interface d'aide. Pour cela, vous exécutez l'instruction :

```
help(KenSyn)
```

La page d'aide du package apparaît dans votre navigateur. Il faut ensuite aller tout en bas de cette page, pour accéder à l'index. Puis un lien *Code demos* permet d'accéder à toute la liste des exemples sous la forme de démo. Ce script peut alors être copié pour y travailler dessus. À noter que cet accès ne fonctionne pas sous R studio.

Jeux de données

Pour voir l'ensemble des jeux de données utilisés dans les différents exemples et mobilisés dans les scripts de démonstration, vous pouvez exécuter l'instruction suivante.

```
library(KenSyn)
data(package="KenSyn")
```

On obtient un tableau similaire au tableau A.2.

Tableau A.2. Liste des jeux de données (data) dans le package KenSyn.

Jeu de données	Description
N2O	Jeu de données de la méta-analyse pour estimer la réponse des émissions de N_2O à la dose de fertilisation azotée.
citrus	Jeu de données de la méta-analyse pour estimer l'efficacité d'un traitement fongicide pour contrôler *Phyllosticta citricarpa*, maladie fongique des agrumes.
machines	Ouvriers testant une nouvelle machine.
organic	Jeu de données de la méta-analyse comparant des systèmes de cultures biologiques et conventionnels.
wheat_var	Réseau d'expérimentations pour évaluer des variétés de blé sur une seule année.
wheat_var_itk	Réseau d'expérimentations pour évaluer des variétés de blé sur une seule année avec différents itinéraires techniques.
wheat_var_soil	Réseau d'expérimentations pour évaluer des variétés de blé sur deux types de sols contrastés.
wheat_var_years	Réseau d'expérimentations pour évaluer des variétés de blé sur plusieurs années (2005-2010).
wheatyield	Rendements de blé à l'échelle régionale (données factices).

Puis en lançant l'aide du jeu de données, on obtient des informations sur l'origine et la structure des données.

```
help(wheat_var)
```

Le jeu de données est accessible et utilisable dès le chargement du package :

```
#voir la structure
str(wheat_var)
# voir les premières ligne
head(wheat_var)
# ou encore un histogramme avec les valeurs de l'en-
sembles des rendements
hist(wheat_var$rendement)
```

Mettre en œuvre le modèle mixte sous R

Ajuster un modèle mixte

Deux principaux paquets R permettent de mettre en œuvre le modèle mixte. Il s'agit de paquets très utilisés et bien maintenus par la communauté. Néanmoins, la dynamique d'évolution de ces paquets est restée forte ces dernières années, et dans un certain nombre de cas nous restons régulièrement confrontés à des problèmes de code liés aux incompatibilités entre versions.

Pour ajuster un modèle mixte, il existe deux packages souvent utilisés par la communauté R.

Package nlme

Le package **nlme** (*Nonlinear Mixed-Effects Models*, Pinheiro *et al.*, 2017) est dédié à l'ajustement et à la comparaison de modèles gaussiens linéaires et non linéaires à effets mixtes. Ce package comporte plusieurs fonctions, dont les principales sont décrites ci-dessous.

lme

La fonction générique **lme** (*Linear Mixed-Effects Models*) permet d'ajuster des modèles non linéaires à effets mixtes (fixe et aléatoire) selon la formulation décrite par Laird et Ware (1982) en autorisant des effets aléatoires imbriqués. Les erreurs intragroupe peuvent être corrélées et/ou avoir des variances inégales. La fonction renvoie un objet contenant le modèle ajusté.

Dans l'exemple ci-dessous, on modélise la variable Rdt par un modèle incluant une moyenne plus un effet aléatoire Site. Le jeu de données est intitulé **wheatyield**.

```
lme(Rdt~1, random=~1|Site, data= wheatyield)
```

groupedData

La fonction **groupedData** permet de structurer un jeu de données selon une formule précise et l'objet créé est ensuite directement utilisable par des fonctions de modélisation ou graphiques de **lme**.

Dans l'exemple ci-dessus, on a le même exemple que précédemment, mais en passant par l'étape préalable de structuration des données.

```
gData= groupedData(Rdt~1|Site, data= wheatyield)
lme(gData)
```

package lme4

Le package **lme4** (*Linear, Generalized Linear, and Nonlinear Mixed Models*, Bates *et al.*, 2015) est également dédié à l'ajustement et à l'analyse des modèles mixtes, avec différentes fonctions pour chaque type de modèle.

lmer

La fonction **lmer** sert à l'ajustement des modèles linéaires à effet mixtes.

L'exemple ci-dessous ajuste le modèle Rdt :

```
lmer(Rdt~1+(1|Site), data= wheatyield)
```

glmer

La fonction **glmer** sert à l'ajustement des modèles linéaires généralisés à effets mixtes.

nlmer

La fonction **nlmer** sert à l'ajustement des modèles non linéaires à effets mixtes.

Manipuler les résultats des modèles mixtes sous R

Manipulations de base

Différentes fonctions génériques permettent d'extraire des informations utiles sous un format lisible à partir des objets issus des ajustements de modèles mixtes (mais aussi des autres modèles).

On peut ainsi archiver le résultat de l'ajustement d'un modèle avec **nlme** ou **lmer** dans un objet **fit**.

```
fit = lme(Rdt~1, random=~1|Site, data= wheatyield)
```

– **summary** met en forme le résultat d'ajustement d'un modèle sous une forme lisible.

```
summary(fit)
```

fitted permet de récupérer les ajustements par le modèle.

```
fitted(fit)
```

residuals permet de récupérer les résidus.

```
residuals(fit)
```

ranef permet d'afficher les effets aléatoires.

```
ranef(fit)
```

predict permet de faire des prédictions avec le modèle, sur les mêmes données que celles utilisées pour l'ajustement. Cela correspond dans ce cas aux résultats de la fonction **fitted**.

```
predict(fit)
```

Il est également possible de faire des prédictions sur de nouvelles données, avec, dans le cas du modèle simple décrit ci-dessus, l'effet site qui peut être pris en compte. La prédiction pour des données du site 3 est obtenue avec :

```
predict(fit, newdata= data.frame(Site=3,Rdt=NA))
```

Package emmeans

Le package **emmeans** (Lenth, 2017) calcule les moyennes marginales estimées (EMM, *Estimated Marginal Means*) pour des facteurs spécifiés ou des combinaisons de facteurs dans un modèle linéaire. Il permet également de calculer des contrastes entre traitements. Les EMM sont également connus sous le nom de « moyennes des moindres carrés ». Ce package remplace le package **lsmeans** qui est obsolète.

– **emmeans** : calcule des moyennes ajustées par niveau d'un facteur.

– **pairs** réalise toutes les comparaisons deux à deux entre les moyennes en utilisant la méthode **tukey** permettant d'ajuster la probabilité des tests pour tenir compte de la multiplicité des tests.

– **cld** permet la réalisation de groupes homogènes.

– **contrast**, utilisé avec la méthode **eff**, calcule tous les écarts entre chaque niveau et la moyenne générale. La méthode d'ajustement **sidak** permet d'ajuster la probabilité des tests pour tenir compte de la multiplicité des tests. Utilisé avec l'argument **method="trt.vs.ctrl"** et **ref=n**, **contrast** permet de comparer tous les niveaux au niveau *n*.

– **confint** permet le calcul des intervalles de confiance des différences entre les niveaux et un niveau témoin.

– **confint** calcule des intervalles de confiance des effets d'une variable.

Ce package nécessite les packages **pbkrtest** et **lmerTest** pour certains tests.

Package car

Le package **car** (*Companion to Applied Regression*) contient des fonctions et les exemples d'un ouvrage (Fox et Weisberg, 2011). On utilise principalement la fonction **Anova** qui calcule le tableau d'analyse de la variance (avec un A majuscule, différente de la fonction de base **anova**).

Package outliers

Le package **outliers** (Komsta, 2011) contient des tests couramment utilisés pour identifier les valeurs aberrantes. Dans notre cas, il peut être utilisé pour détecter des résidus suspects.

Le package metafor, dédié à la réalisation de méta-analyses sous R

Le package **metafor** (*Metafor: A Meta-Analysis Package for R*) fournit une collection complète de fonctions permettant de réaliser des méta-analyses dans R (Viechtbauer, 2010). Le package comprend des fonctions permettant de calculer différentes tailles d'effet ainsi que des quantités fréquemment utilisées dans les méta-analyses. Ce package permet à l'utilisateur d'ajuster différents modèles : fixes, aléatoires ou mixtes. Enfin, il propose des analyses et graphiques classiquement utilisés dans les méta-analyses (ex. : *forest plot, funnel plot*).

– **escalc** permet de calculer la taille d'effet.

– **rma.uni** ajuste les modèles linaires pour les méta-analyses avec des effets fixes, aléatoires ou mixtes.

– **forest** permet de tracer des *forest plots* avec les tailles d'effet les plus souvent utilisées en méta-analyse.

– **funnel** permet de tracer un graphique pour évaluer les biais de publication éventuels.

Approche bayésienne avec le modèle mixte

Package MCMCglmm

Le package **MCMCglmm** (*MCMC Generalised Linear Mixed Models*, Hadfield, 2010) permet de mettre en œuvre les modèles linaires généralisés à effets mixtes dans un cadre bayésien en utilisant les algorithmes de Monte-Carlo à chaîne de Markov.

La fonction **MCMCglmm** applique l'échantillonneur Monte-Carlo à chaîne de Markov permettant d'ajuster des modèles mixtes linéaires généralisés.

Package coda

Le package **coda** (Plummer *et al.*, 2006) fournit des fonctions pour résumer et tracer les chaînes échantillonnées par des méthodes de type Monte-Carlo à chaîne de Markov et pour réaliser des tests de diagnostic de la convergence à l'équilibre.

La fonction **gelman.plot** permet de représenter graphiquement l'évolution du facteur de Gelman et Rubin en fonction du nombre d'itérations. Les graphiques générés permettent de faire le diagnostic de la convergence de l'algorithme MCMC.

Références

Bates D., Maechler M., Bolker B., Walker S., 2015. Fitting Linear Mixed-Effects Models Using lme4. *Journal of Statistical Software*, 67 (1), 1-48, doi:10.18637/jss.v067.i01.

Fox J., Weisberg S., 2011. *An R Companion to Applied Regression*, Second Edition, Sage.

Hadfield J.D., 2010. MCMC Methods for Multi-Response Generalized Linear Mixed Models: The MCMCglmm R Package. *Journal of Statistical Software*, 33 (2), 1-22, www.jstatsoft.org/v33/i02 (consulté le 28/05/2018).

Komsta L., 2011. outliers: Tests for outliers. R package version 0.14, https://cran.r-project.org/package=outliers (consulté le 28/05/2018).

Laird N.M., Ware J.H., 1982. Random-Effects Models for Longitudinal Data. *Biometrics*, 38, 963-974.

Lenth R., 2017. emmeans: Estimated Marginal Means, aka Least-Squares Means. R package version 0.9.1, https://cran.r-project.org/package=emmeans (consulté le 28/05/2018).

Pinheiro J., Bates D., DebRoy S., Sarkar D., R Core Team, 2017. nlme: Linear and Nonlinear Mixed Effects Models_. R package version 3.1-131, https://cran.r-project.org/package=nlme (consulté le 28/05/2018).

Plummer M., Best N., Cowles K., Vines K., 2006. CODA: Convergence Diagnosis and Output Analysis for MCMC. *R News*, 6, 7-11.

R Core Team, 2017. *R: A Language and Environment for Statistical Computing*, R Foundation for Statistical Computing, Vienna, Austria, www.r-project.org.

Viechtbauer, W., 2010. Conducting meta-analyses in R with the metafor package. *Journal of Statistical Software*, 36 (3), 1-48, www.jstatsoft.org/v36/i03 (consulté le 28/05/2018).

Édition : Juliette Blanchet
Mise en page : Desk
Dépôt légal : juin 2018

Imprimé pour vous par Books on Demand (Allemagne)